U0585416

中国牛肉市场价格变化及传导机制研究

ZHONGGUO NIUROU SHICHANG JIAGE BIANHUA JI
CHUANDAO JIZHI YANJIU

田 露 著

中国农业出版社

北京

图书在版编目（CIP）数据

中国牛肉市场价格变化及传导机制研究 / 田露著.
—北京：中国农业出版社，2021.8
　　ISBN 978 - 7 - 109 - 26985 - 9

　　Ⅰ.①中…　Ⅱ.①田…　Ⅲ.①牛肉－价格－研究－中
国　Ⅳ.①F724.725

中国版本图书馆 CIP 数据核字（2020）第 108094 号

中国农业出版社出版

地址：北京市朝阳区麦子店街 18 号楼
邮编：100125
责任编辑：张艳品
版式设计：杨　婧　　责任校对：吴丽婷
印刷：北京印刷一厂
版次：2021 年 8 月第 1 版
印次：2021 年 8 月北京第 1 次印刷
发行：新华书店北京发行所
开本：700mm×1000mm　1/16
印张：8.75
字数：150 千字
定价：38.00 元

版权所有·侵权必究

凡购买本社图书，如有印装质量问题，我社负责调换。

服务电话：010 - 59195115　010 - 59194918

前　言

　　中国是世界第三大肉牛生产国，肉牛生产对于提高节粮型畜种比重、增加农民收入、调整膳食结构和改善人民生活具有非常重要的意义。2007 年以来，中国牛肉价格呈螺旋式增长趋势，牛肉价格的稳定与否，直接影响到肉牛养殖、屠宰加工、运输及最终消费等各个不同主体的利益，进而影响其经济行为和决策，牛肉价格波动不仅和农户（企业）生产、消费者消费相关，还与产业链上游的饲料生产、下游的产后收购、运输、销售等环节密切相关，牛肉价格变动具有重要的联动效应。牛肉价格变动是农产品市场的常态，适度的价格变动可以起到调节市场的作用，但过度的价格变动不仅对肉牛养殖户和屠宰加工企业的收入产生影响，也影响了消费者正常生活消费。在肉牛产业链联结日益紧密和区域市场一体化程度越来越强的现实情况下，如果仅研究牛肉价格变动的情况，已经不能很好地解释肉牛产业发展过程中出现的供求失衡、价格波动和生产主体收益波动等诸多现象和问题。鉴于此，本研究选取牛肉市场价格作为研究对象，对牛肉价格波动特点、影响因素、关联效应、传导机制进行分析，以期相关研究结论能够为相关政策的拟定提供参考，为参与牛肉生产的相关企业和农户提供有益信息。

　　本书为教育部人文社会科学研究项目（14YJC790111）、国家肉牛牦牛产业技术体系产业经济研究专项（CARS - 37）和中国国家留学基金的部分研究成果（对部分在学术期刊上发表的章节再次进行了补充完善），内容涉及我国牛肉市场价格时间特征、区域特征及传导路径、影响因素、关联效应、传导机制、国内外牛肉价格空间市场整合等多方面内容。对于政府肉牛产

1

业技术及经济管理部门管理人员、高校和科研院所从事肉牛产业技术经济管理专业研究人员、肉牛养殖户（场、企业）、屠宰加工与流通企业和牛肉餐饮企业生产经营管理者，以及广大消费者均具有一定的参考价值，由于作者水平有限，书中错误和疏漏在所难免，恳请读者不吝批评指正。

著者

目　录

前言

第一章　绪论 ……………………………………… 1

　第一节　选题背景和意义 …………………………… 1
　第二节　研究文献评述 ……………………………… 3
　　一、国外研究现状 ………………………………… 3
　　二、国内研究现状 ………………………………… 7
　　三、文献评述 ……………………………………… 11
　第三节　研究目标与内容 …………………………… 12

第二章　概念界定与理论基础 ……………… 13

　第一节　概念界定与研究范围 ……………………… 13
　　一、概念界定 ……………………………………… 13
　　二、研究范围 ……………………………………… 14
　第二节　理论基础 …………………………………… 14
　　一、价格形成理论 ………………………………… 14
　　二、价格波动特征的相关理论 …………………… 15
　　三、价格波动原因的相关理论 …………………… 16
　　四、价格传导相关理论 …………………………… 21
　第三节　本章小结 …………………………………… 22

第三章　牛肉市场价格变化的特征分析 …… 23

　第一节　牛肉价格年度波动特征 …………………… 23

ZHONGGUO NIUROU SHICHANG
JIAGE BIANHUA JI
CHUANDAO JIZHI YANJIU

一、数据来源与说明 ·················· 23

二、牛肉价格年度波动描述统计性分析 ·········· 24

三、我国牛肉价格年度波动 HP 滤波分析 ········· 25

第二节　牛肉价格月度波动特征 ············ 30

一、数据来源与处理 ················ 30

二、牛肉价格月度波动 HP 滤波分析 ·········· 32

三、牛肉价格月度波动规律分析 ············ 33

第三节　本章小结 ················· 35

第四章　牛肉价格波动的区域特征及传导路径 ·········· 37

第一节　牛肉生产区域划分 ·············· 37

第二节　牛肉价格指标选择与数据来源 ········· 38

一、牛肉价格指标选择 ··············· 38

二、数据来源与说明 ················ 45

第三节　牛肉价格区域波动分析方法选择 ········ 45

一、同步系数定义 ················· 46

二、同步系数的计算 ················ 46

第四节　牛肉价格地区差异统计性分析 ········· 47

一、牛肉价格波动地区差异年度分析 ·········· 47

二、牛肉价格波动地区差异月度分析 ·········· 51

第五节　牛肉价格波动区域间同步性测定 ········ 54

一、牛肉主产区与各省份价格波动同步性测算 ······ 54

二、各省份与各地区牛肉价格波动同步性测算 ······ 63

三、各地区之间同步性测算 ·············· 66

四、各地区与全国之间同步性测算 ··········· 67

第六节　牛肉价格波动的区域传导路径 ········· 68

第五章　牛肉市场价格波动影响因素分析 ·········· 71

第一节　牛肉市场价格波动内部影响因素 ········ 71

一、生物生长因素 ················· 71

二、市场需求因素 ················· 73

三、市场供给因素 ················· 78

　　第二节　牛肉市场价格波动外部影响因素 ·············· 81
　　　　一、制度因素 ·········· 81
　　　　二、随机因素 ·········· 84
　　第三节　牛肉价格波动影响因素实证分析 ·········· 85
　　　　一、研究方法与数据来源 ·········· 85
　　　　二、实证分析及结果 ·········· 87
　　第四节　本章小结 ·········· 92

第六章　牛肉市场价格波动关联效应分析 ············· 93

　　第一节　牛肉市场价格传导效应的长期均衡分析 ············· 93
　　第二节　牛肉市场价格与关联品价格的脉冲效应分析 ········· 95
　　第三节　牛肉市场价格关联机制分析 ········· 97
　　第四节　中国牛肉市场价格变动趋势预测 ·········· 98

第七章　牛肉市场价格传导机制分析 ············· 100

　　第一节　研究方法与数据说明 ·········· 101
　　　　一、非对称门限协整检验 ·········· 101
　　　　二、非对称误差修正模型 ·········· 102
　　　　三、数据说明 ·········· 103
　　第二节　实证分析结果与讨论 ·········· 104
　　　　一、牛肉批发价格与零售价格长期均衡关系分析 ········· 104
　　　　二、牛肉价格非对称传导效应分析 ············· 105
　　第三节　牛肉价格非对称性传导产生的原因分析 ············· 107
　　　　一、失衡的市场势力 ·········· 107
　　　　二、价格上涨的"棘轮效应" ·········· 108
　　第四节　本章小结 ·········· 108

第八章　国内外牛肉价格空间市场整合分析 ············ 110

　　第一节　国内外空间市场牛肉价格轨迹分析 ·········· 111
　　第二节　国内外牛肉价格空间市场整合实证分析 ·········· 112
　　　　一、数据说明及处理 ·········· 112
　　　　二、国内外牛肉价格长期整合分析 ·········· 113

ZHONGGUO NIUROU SHICHANG
JIAGE BIANHUA JI
CHUANDAO JIZHI YANJIU

第三节　国内外牛肉价格短期整合和因果关系分析‥‥‥‥‥ 114

一、矢量误差修正模型（VECM）‥‥‥‥‥‥‥‥ 114

二、Granger 因果关系检验‥‥‥‥‥‥‥‥‥ 115

第四节　国内外牛肉价格冲击效应分析‥‥‥‥‥‥‥ 116

一、脉冲响应函数分析‥‥‥‥‥‥‥‥‥‥ 116

二、方差分解分析‥‥‥‥‥‥‥‥‥‥‥ 117

第五节　本章小结‥‥‥‥‥‥‥‥‥‥‥‥‥ 118

第九章　研究结论与政策启示‥‥‥‥‥‥‥‥ 120

第一节　研究结论‥‥‥‥‥‥‥‥‥‥‥‥‥ 120

一、牛肉价格波动存在周期性和季节性特征　‥‥‥‥‥ 120

二、牛肉主销区牛肉价格波动对整体牛肉价格波动的影响
大于主产区牛肉价格波动的影响‥‥‥‥‥‥‥ 121

三、引起牛肉价格变动的因素主要包括内部因素和外部因素
两个层面　‥‥‥‥‥‥‥‥‥‥‥‥ 121

四、牛肉市场价格与玉米价格、猪肉价格、羊肉价格、CPI
存在关联效应‥‥‥‥‥‥‥‥‥‥‥‥ 122

五、中国牛肉批发价格与零售价格之间的非对称传导效应
具有双向特征‥‥‥‥‥‥‥‥‥‥‥‥ 122

六、国内外牛肉空间市场价格在长、短期都是整合的‥‥‥ 123

第二节　政策启示‥‥‥‥‥‥‥‥‥‥‥‥‥ 123

一、加大政策支持力度，鼓励规模化养殖，获取竞争优势 ‥ 123

二、完善牛肉市场流通机制，把控产业链重点环节‥‥‥‥ 124

三、分区域调控牛肉市场，重点稳定主销区和主产区牛肉
市场　‥‥‥‥‥‥‥‥‥‥‥‥‥‥ 124

四、合理把握牛肉进口规模，降低进口依存度　‥‥‥‥ 125

五、制定安全有利的贸易政策，建立严格的监管机制‥‥‥ 125

六、建立牛肉市场信息发布平台和预警机制，增强抵御风险
能力　‥‥‥‥‥‥‥‥‥‥‥‥‥‥ 125

参考文献‥‥‥‥‥‥‥‥‥‥‥‥‥‥ 127

第一章
绪　　论

第一节　选题背景和意义

　　牛肉是改善人类膳食结构的重要畜产品之一，具有蛋白质丰富、脂肪含量低的特点，其氨基酸组成比猪肉更接近人体需要，且能够提高机体抗病能力，能够满足人们对优质食物不断增长的需求。随着人民生活水平的提高，人们对牛肉消费数量大幅度增加，对于牛肉品质的要求进一步提高，牛肉生产也成为我国农业农村经济发展的重要组成部分之一。中国的牛肉消费从20世纪90年代初逐年提高，这与人们的收入水平不断提高有很大关系。2017年，中国城镇人口人均户内牛肉消费水平为2.6千克，与其他肉类消费相比，仅高于羊肉的人均消费量，明显低于猪肉、禽肉，占肉类消费总量的比重较小，仅为8.9%。但是，1990年以来，牛肉的消费水平在所有肉类产品中增长幅度最大、增长速度最快，而同期猪肉的人均消费量虽然较高，占肉类比重较大，增长却较缓慢，禽肉居于二者之间。根据1990—2017年牛肉消费水平的变化情况可知，1990—2017年间，牛肉是肉类消费中增长幅度最大、增长速度最快的产品。牛肉消费量的增长使得牛肉在肉类消费中的地位有所上升。1990—2017年城市居民牛肉占整个肉类消费的比重由1990年的5.4%增长为8.9%。随着人们收入水平的提高和对生活品质的追求，牛肉消费量将进一步增加。

　　近年来，我国牛肉产量呈现平稳增长趋势。1985年我国牛肉的总产量仅为 46.7 万吨，到了 1999 年全国牛肉总产量突破了 500 万吨，增加到 505 万吨。与 1985 年相比，牛肉产量增加了近 10 倍。进入 21 世纪以来，牛肉产量依然稳步增加。2007 年我国牛肉产量达到了 613.4 万吨，仅次于美国（牛肉产量为 1 200 万吨）和巴西（牛肉产量为 790 万吨），在全世界已经排到了第三位。2017 年牛肉产量达到了 634.62 万吨。牛肉产量的增加，不仅来源于肉牛存栏和出栏数量的增加，很大一部分贡献来自肉牛单产水平的提升。在 20 世纪 80 年代初，作为役畜的牛，其产肉水平很低，仅为 76.4 千克/头。随着肉用牛品种的改良和引进，以及肉牛育肥技术水平的提高，每头牛的产肉水平也在不断升高。目前，我国肉牛平均产肉量达到了 140 千克/头，产肉水平比 20 世纪 80 年代初提高了 85% 左右。

牛肉价格的稳定与否，直接影响到肉牛养殖、屠宰加工、运输及最终消费等各个不同主体的利益，进而影响其经济行为和决策，牛肉价格波动不仅和农户（企业）生产、消费者消费相关，还与产业链上游的饲料、产后收购、运输、消费等环节具有密切的关系，牛肉价格变动具有重要的联动效应。牛肉价格变动是农产品市场的常态，适度的价格变动可以起到调节市场的作用，但过度的价格变动不仅会对肉牛养殖户和屠宰加工企业的收入产生影响，也影响了消费者正常生活消费。

从长期来看，我国牛肉价格呈上涨趋势，2000 年以来，中国牛肉价格增长了 4 倍多，由 13 元/千克增加至 2019 年 2 月的 69.98 元/千克（中国畜牧业信息网）。纵观历年牛肉价格，中国牛肉价格在波动中呈螺旋趋势增长，这种不稳定的动态变化过程影响了参与牛肉生产的养殖户和企业的经济效益及经营策略，不利于全产业链的稳定发展。在牛肉价格快速上涨的过程中，牛肉价格上涨幅度远高于养殖户实际感受到的肉牛收购价格上涨幅度，即牛肉价格在生产和销售环节的传导并不完全一致。当市场价格上涨时，销售商不会很快提高收购价格，让养殖户分享市场利润，即使提高收购价格，提升幅度也明显小于市场价格的涨幅；而当市场价格下降时，销售商会很快降低收购价格，让养殖户分摊市场风险，肉牛养殖者不能从牛肉价格上涨中获得更多生产者剩余。同时，从消费者的角度来说，当收购价格上升时，销售商会很快提高零售价格，使得消费支出明显增加，而当收购价格下降时，销售商不会立即降低市场价格，即使下降，其降幅也小于收购价格的降幅，消费者不能从牛肉价格下跌中获得更多消费者剩余。相比之下，产业链下游的屠宰加工、销售环节能获得较多收益或避免遭受更多损失。这种普遍存在于农产品市场的"价格非对称传导效应"的长期存在，必然会阻碍资本对肉牛养殖环节的投入，不利于牛肉的持续稳定供给。

在肉牛产业链联结日益紧密和区域市场一体化程度越来越强的现实情况下，如果仅研究牛肉价格变动的情况，已经不能很好地解释肉牛产业发展过程中出现的供求失衡、价格波动和生产主体收益波动等诸多现象和问题。这需要在借鉴已有研究的基础上，寻找新的视角研究牛肉价格，不仅需要考虑生产环节的投入、产出、成本、市场需求等，还必须考虑牛肉产业链各个环节相关主体的经济行为对牛肉价格的影响，考虑牛肉价格在产业链上下游之间的传递，也必须考虑牛肉市场化、一体化程度，考虑牛肉价格在不同区域间的传递。因此，本研究选取牛肉市场价格作为研究对象，以期通过对牛肉价格波动特点、传导途径、影响因素的分析，在厘清中国牛肉市场价格动态变化特征的基础上，分析牛肉价格变化的关联效应，深入研究商品价格波动之间的相互影响关系，分析影响牛肉价格变动的主要因素，以及牛肉价格变动对消费者福利变化的影响，对于调控牛肉价格、促进肉牛产业稳定发展具有重要的意义。同时，相关研究结论能够为相关政策的拟定提供参考，为参与牛肉生产的相关企业和农户提供有益信息，对于保障牛肉的有效供给、促进农民增收和农业增效，提高人民生活水平，推进新农村建设和现代农业的发展具有重要的现实意义，也在一定程度上丰富了我国农产品价格传导理论的研究内容。

第二节 研究文献评述

一、国外研究现状

（一）关于牛肉价格波动的研究

国外关于农产品价格波动周期开始于 Schultz、Tinbergen 和 Ricci 在 1930 年运用蛛网模型研究农产品价格波动，在此基础上，Kaldor（1934）和 Eze-kiel（1938）用滞后模型分析了下一周期农产品价格波动，这也是目前有关农产品价格形成的重要理论之一。随着计量经济学分析手段和方法的发展，关于农产品价格的研究进一步深化，价差模型（Price spread）、理论预期模型（REH）、自回归条件异方差模型（ARCH）、向量自回归模型（VAR）、自回归移动平均模型（ARMA）等都被应用于农产品价格波动的研究中。Beveridge 和 Nelson（1981）应用 Beveridge–Nelson 分解技术，Hodrick 和 Prescott H–P（1997）应用滤波法对牛肉价格波动周期进行分析。Kulshreshtha 和 Rosansen（1980）测算了加拿大牛肉批发市场价格的供给弹性系数为 -1.84，活牛批发市场价格的供给弹性系数为 0.93。Rosen 等（1993）在对牛肉价格波动的研究中，纳入了牛群结构、种畜存栏和市场条件等因素，对牛周期进行了详细分析。Yoon（2008）发现肉类市场价格存在季节性和周内效应，且该类特征具有明显的持续性。Liu 等（2009）测算得到城乡居民马歇尔自价格弹性分别为 -1.64 和 -2.19，牛肉消费的支出弹性平均值为 1.34，其中城镇居民为 1.45，农村居民相对较小，为 1.15。Rezitis（2012）认为牛肉市场价格波动存在持续性，其持续性与羊肉市场价格一样，但不及猪肉和禽肉市场价格强。Twine 等（2016）基于牛肉市场价格、肉牛存栏量、能繁母牛存栏量和牛肉供给量四个变量，利用谱分解和干预分析系统测定了加拿大肉牛周期及市场冲击作用，研究发现牛肉市场存在 10 年的波动周期，且汇率变化、饲料市场价格及疯牛病等的冲击对肉牛存栏量具有显著影响，牛肉供给受汇率变化及疯牛病的冲击作用明显。

（二）关于牛肉价格波动影响因素的研究

牛肉市场价格波动与牛肉的供给和需求直接相关（Lianos 和 Katranidis，1993；Smith 和 Smith，1979），除此以外，影响牛肉市场及其价格波动的因素还包括产品质量、进出口贸易、政策实施及疫病等突发事件（Lloyd 等，2001；Park 等，2008；Jarvis 等，2005）。Buhr 和 Kim（1997）从贸易视角对美国牛肉市场的动态调整进行分析，并为美国牛肉加工及批发部门提出了相关建议。Subak（1999）曾基于温室气体排放对牛肉生产的环境成本进行了研究。Peterson 和 Chen（2005）测算了疯牛病对日本零售肉类市场的影响，Hahn 和 Mathews（2007）对美国不同质量层次的牛肉需求进行了分析，发现高品质牛肉的需求在 20 世纪 80 年代和 90 年代逐步减少，对低品质牛肉有所上升。Song 和 Chai（2007）分析了美国疯牛病暴发对韩国牛肉市场的影响；Ferrier 和 Lamb（2007）在考察欧盟共同农业政策对希腊牛肉市场的影响时，发现价格波动及饲料价格是牛肉供给反应的重要风险指标，负向的非对称价格波动则反映出生产者的弱势；欧盟对肉牛生产者给予的年度奖金对生产具有明显推动作用，但 2006 年之后，欧盟价格支持政策的转变对牛肉生产具有负面影响。Rezitis 和 Stavropoulos（2011）认为价格波动是影响希腊肉类生产的重要风险因素，但欧盟农业政策改革对该国牛肉生产存在消极影响。Ding 等（2011）认为习惯的持续性会影响疯牛病事件发生时家庭牛肉购买量的减少，但对于牛肉消费支出较高的家庭，当再次发生疯牛病事件时，其牛肉消费量要比牛肉消费支出较少的家庭低。Tozer 和 Marsh（2012）在分析澳大利亚肉牛产业时，认为口蹄疫对其具有重大负面影响，疫病的暴发使生产者的净收益从盈利 5 700 万美元转至亏损 17 亿美元。从疫病对牛肉市场的影响研究来看，Capps 等（2013）认为牛肉及食品恐慌不会影响其相应的市场价差，食品安全事件的发生及其跨产业及跨地区影响较小；但疯牛病对牛肉市场的影响较大，其影响从批发到零售环节尤为明显。Dhoubhadel 等（2015）在分析进口牛肉和国产牛肉关系时，认为两者属于替代品而非互补品。Ortega 等（2016）对北京消费者牛肉消费意愿进行了研究，在考虑牛肉食品安全、动物福利、绿色食品和有机食品认证等质量属性情况下，发现消费者更倾向于消费澳大利亚的牛肉，而非美国牛肉及国产牛肉。

总体来看，上述研究所涉及的供给和需求、产品质量、进出口贸易、政策实施及疫病等因素，均在不同程度上对牛肉生产和消费产生影响，进而影响牛肉市场供需平衡，从而引致牛肉市场价格波动。即，除了牛肉市场价格波动的关联性因素外，与牛肉生产、消费、贸易等相关的因素，也是影响牛肉市场价格波动的重要因素。

（三）关于农产品价格传导的研究

价格传导机制的研究分为对称性和非对称性两种假设前提，早期的农产品价格传导机制研究大多是在价格传导对称性假设前提下进行的。20 世纪 60 年代以来，随着价格非对称传导理论的提出（Tweeten 和 Quance，1996），国外学者对农产品价格非对称传导问题开展了广泛研究，早期的研究侧重于将上游产品的价格波动划分为上涨和下跌两个"区制"，利用协整分析和线性模型来分析不同"区制"下价格传导现象的不同（Wofform，1971；Jouck，1977）。随着研究的不断深入，非线性模型在农产品价格传导非对称性研究中开始得到广泛应用，研究对象涵盖了猪肉（Miller 和 Hayenga，2001；Karantininis 等，2011）、牛肉（Goodwin 和 Holt，1999）、羊肉（Ben - Kaabia 和 Gil，2005）、乳制品（Octavio 等，2010）等在内的畜产品市场，这些研究普遍认为，畜产品市场上生产者价格、批发价格和消费者价格之间的传导存在非对称性效应，尽管不同时期、不同国家（地区）、不同畜产品在价格非对称传导效应上存在方向、速度和幅度的差异，但是价格非对称传导效应的存在，使得产业链下游的批发商和零售商获得了更大的利润空间。

Hahn（1990）研究了牛肉、猪肉市场生产价格、批发价格和零售价格之间的传导，价格传导存在着非对称性，所有价格对价格上涨的传导要比价格下降的传导更迅速、更全面，这一点在牛肉市场上更为显著，牛肉生产价格对批发价格上涨的反应比其对批发价格下降的反应更快、更灵敏。Diakosa-was（1995）考察了美国和澳大利亚的牛肉市场整合问题，发现两个市场牛肉价格存在协整关系。Goodwin 和 Holt（1999）考察了美国农场、批发及零售牛肉市场间的价格传递特征，研究发现这种传递特征是从农场至零售市场的单向传递。Natcher 和 Weaver（1999）也对牛肉市场价格波动传递特征进行了相似研究。Douglas（2001）对肉制品供应链价格传递进行了实证研究，指出价格沿供应链传递具有非对称性。Vavra 和 Goodwin（2005）利用门限 VEC 模型测定了包括牛肉、鸡肉、鸡蛋市场在内的食品产业链价格非线性传递特征，研究发现三个市场对正向及负向价格冲击均具有明显的非对称性，且该非对称性在调整速度及程度方面都较为明显。Vollrath 和 Hallahan（2006）测定了美国和加拿大肉类市场的整合问题，研究发现牛肉市场的整合程度不及猪肉市场，影响市场整合的重要因素是汇率。Andersen 等（2007）利用 VAR 模型分析了丹麦猪肉、鸡肉及牛肉市场，发现牛肉市场与猪肉、鸡肉市场具有较强的替代性，猪肉和鸡肉市场价格对牛肉市场价格的冲击较为迅速，而牛肉市场价格对猪肉及鸡肉市场价格的冲击效应更为持久。Kim 和 Ward（2013）认为，包括牛肉在内的美国食品流通体系的价格体系具有强烈的价格关联性，且存在非对称性关联，但随着时间变化，这种关联性将减弱。Pozo 等（2013）利用门限 VEC 模型考察了美国农场、批发和零售市场牛肉价格传递性，研究发现，无论长期还是短期，牛肉市场价格传递作用均为对称的。Jebabli 等（2014）利用 TVP－VAR 模型发现世界股票市场价格对食品市场价格具有明显的短期波动溢出效应，在经济危机时期表现得更为明显。Abdelradi 和 Serra（2015）利用非对称 NGARCH 模型分析了西班牙食品市场价格与能源市场价格之间的关联性，二者之间存在明显的双向非对称性波动溢出效应。Nwoko 等（2016）发现原油市场价格对任何一个食品市场价格均没有长期影响，但存在正向、积极的短期影响。Fousekis 等（2016）利用非线性 ARDL 模型对美国肉牛产业垂直价格传递进行了实证分析，研究发现其存在农场到批发市场价格传递的非对称性，且从批发市场到农场也存在这种非对称性传递特征。

二、国内研究现状

（一）关于牛肉价格波动特征的研究

国内关于牛肉市场价格波动特征的研究成果较为丰富，刘少伯等（2006）利用 1994—2006 年牛肉价格月度数据，分析发现牛肉市场几个具有 107 个月的盈利波峰，存在 3 个周期。唐江桥（2011）构建了 ARCH 类模型，发现牛肉市场价格波动具有显著的集聚性和异方差效应，牛肉市场不存在高风险回报特征和非对称效应，波动对利好消息更为敏感。王明利、石自忠（2013）利用 Beveridge - Nelson 分解技术进行分析，发现牛肉市场价格存在稳定增长的确定性趋势和负的随机趋势，价格波动具有显著的周期性。石自忠等（2014）利用门限自回归模型分析牛肉市场价格，发现其波动呈现出非线性特征，且具有门限效应，价格同比上涨 9.73％为其门限值。周金城（2014）利用 MS - AR 模型对牛肉市场价格进行分析，研究得出牛肉市场价格存在三个运行机制，即下跌、基本平稳（或微幅上涨）、上涨，三者的运行概率分别为 6.4％、96.5％和 5.7％。姬宁（2014）利用非对称 Component GARGH 模型拟合牛肉市场价格收益率，发现牛肉市场价格波动存在杠杆效应，当价格受到负面影响时，其长期趋势波动会增大。

（二）关于牛肉价格波动影响因素及原因的研究

牛肉价格波动一方面关系居民生活消费，另一方面关系农民的收入，每一次价格的波动都会带来重要的影响，因此，学者也就致力于从各个方面探寻牛肉价格波动的影响因素及原因。根据经济学基本原理，引起价格波动的主要原因在于供求关系的不平衡，供大于求，价格下降；供小于求，价格上升。因此，许多学者遵循这一思路寻找牛肉价格波动的原因。针对牛肉市场价格波动的影响因素，部分学者认为，牛肉市场价格上涨的根本原因在于供需失衡，牛源减少、饲养周期长、养殖成本高等因素造成供给能力不足（孟卫东，熊欢，2014），牛肉消费者偏好增强等推动市场需求日益旺盛，加之国内牛肉市场发展缓慢，肉牛养殖保险制度不完善等，致使牛肉价格持续上涨（董鹏馥 等，2014）。此外，价格机制、市场体系、政府调控、比较效益、产业规模化程度、产业链完整程度、畜禽疫病、货币政策及通货膨胀也影响着牛肉市场价格的波动（吕杰，綦颖，2007；彭涛 等，2009；孙世民 等，2014；戴炜 等，2014）。

曹建民等（2012）认为牛肉市场价格波动不会因为猪肉市场价格的波动而发生大幅度变化。田露等（2012）构建有限滞后分布模型对牛肉市场价格和要素市场价格及其替代品市场价格的关联性进行分析，发现我国牛肉市场价格呈现螺旋增长态势，对牛肉市场价格影响最大的是玉米市场价格，猪肉、羊肉市场价格对牛肉市场价格影响显著。王明利、石自忠（2013）利用 VAR 模型，分析发现其他肉类价格波动对牛肉市场价格具有不同程度的影响，羊肉、猪肉和鸡肉市场价格对其冲击的短期贡献率达到 12.38％、6.34％和 2.90％。石自忠等（2013）利用 VAR 模型分析猪肉市场价格与其他畜产品市场价格的关系，发现猪肉市场价格变化对牛肉市场价格的冲击贡献率达到 4.15％，二者之间的变动呈现"价格螺旋"上涨态势。王明利、石自忠（2013）利用 Cochrane 方差统计量进行分析，发现随机冲击对牛肉市场价格波动的短期影响巨大，而长期波动中大概有 50％是随机冲击造成的。田文勇等（2015）发现牛羊肉市场价格之间存在长期均衡关系，当牛肉、羊肉市场价格处于短期失衡状态时，两者均存在调整能力，但牛肉市场价格调整能力较弱。石自忠、王明利（2015）在 VAR 模型的基础上，通过构建 LSTR 模型进行比较分析，发现牛肉、羊肉市场价格之间的关系存在非线性特征，当二者波动幅度超过门限值时，价格影响呈现出非线性特征，在线性制度下，牛肉市场价格波动对羊肉市场价格的影响更大；在非线性制度下则相反，二者之间的相互关系大致可划分为两个阶段，1996—2006 年主要表现为线性特征，2007 年之后更多地表现为非线性特征。杨晶晶、徐家鹏（2015）基于肉牛产业链视角，利用玉米市场价格和牛肉市场价格分析了二者的关系，发现肉牛产业的上下游相关度较高，玉米市场价格变化引起了牛肉市场价格的相应变化，但二者关系滞后性比较明显。刘训翰、杨海霞（2015）认为，城镇居民收入、猪肉市场价格和羊肉市场价格等因素对牛肉市场价格上涨的推动作用也很大，高于玉米、豆粕等要素市场价格等供给因素的影响。肖忠意、周雅玲（2014）分析了牛肉价格对国际大豆和豆粕期货价格、玉米期货价格波动的反应程度。石自忠等

（2016）利用 DCC－GARCH 模型分析得出牛肉市场价格波动与 CPI 具有动态关联性。

随着我国经济的发展、对外贸易的活跃，我国市场与国际市场的联系越来越紧密，牛肉市场也越来越受到国际牛肉市场的影响，国际牛肉价格的波动也慢慢地通过国际贸易、期货市场等途径对国内牛肉价格波动产生影响，许多学者开始考虑国际牛肉价格等外部冲击对国内牛肉价格波动的影响，并进行了相关的研究。周晔、王万山（2018）采用 CR4 和 HHI 等市场集中度指标对 2000—2016 年中国牛肉进口市场结构进行了分析，并测得了中国牛肉进口的需求价格和收入弹性，研究发现，中国牛肉进口需求整体上是具有价格弹性和收入弹性的，但在主要进口国之间存在差别。

（三）关于牛肉价格传导的研究

与其他农产品相比，关于牛肉价格传导的研究成果相对较少，笔者梳理了关于农产品价格传导的研究成果，为本研究的开展提供理论及实证借鉴。目前关于农产品价格传导的研究主要集中在两个方面，一方面是从产业链的角度，分析农产品价格波动沿产业链在产业链各环节之间的传导；另一方面，是从空间的角度，研究农产品价格波动在区域间、在主产地与其他销售地之间的传导。

辛贤、谭向勇（2000）运用 Gardner 模型，从产业链角度研究分析了我国生猪的价格波动传导，沿着生猪产业链从生猪的收购到猪肉零售的价格波动传递，发现农产品及食品价格零售价格的上涨幅度远远高于农民实际所感受到的农产品收购价格上涨幅度，即出现了"农产品价格放大效应"。通过运用均衡移动模型，王秀清（2007）研究了农业生产者与食品零售商之间的纵向价格传递关系，结果表明，市场力量和规模报酬对价格传导的影响十分复杂，一方面取决于农产品供给函数和食品需求函数的具体形式，另一方面取决于外生冲击作用下农产品收购环节与食品零售环节市场力量变化的相对幅度。胡华平、李崇光（2010）运用非对称误差修正模型，对粮食、蔬菜、肉类和水产品市场中垂直价格传递与纵向市场连结关系进行了实证分析，结果表明，蔬菜、肉类和水产品供应链具有显著的正向非对称价格传递特征，在供应链上价格上涨要比价格下降的传递更为迅速和充分，而粮食产品市场不具有非对称价格传递特征，纵向市场联结越松散，非对称垂直价格传递特征越微弱，纵向市场联结越紧密，非对称垂直价格传递特征越明显。通过利用约翰森模型、VEC 模型，张利庠、张喜才（2011）对农业产业链上、中、下游产品价格之间长期协整关系和短期变动关系进行研究，研究表明，玉米、菜籽油、蛋鸡等产业链上、下游协整关系不存在，市场联结不畅，籼稻、粳稻、小麦、大豆、活猪、肉鸡等产业链各环节的价格存在长期协整关系，但短期恢复协整的速度较慢，农产品受上、下游价格波动挤压，其价格可以传递到上、下游。随着研究的不断深入和农产品价格的剧烈波动，农产品价格非对称传导问题越来越多地受到学术界的关注。唐江桥等（2011）、谭明杰等（2011）、董晓霞等（2011，2014）以羊肉、猪肉、鸡肉、鸡蛋等畜产品为研究对象，对价格非对称性传导规律进行了检验，学者们普遍认为，多数畜产品产业链上下游间存在价格非对称传导现象，但不同地区、不同产品的价格非对称性传导存在差异，这种价格非对称传导效应的存在，导致了畜产品产业链上各环节利益分配不均衡。农产品供求格局、市场结构类型、政府干预、必需品的商品特性、价格上涨的"棘轮效应"、价格信息传递和发布机制、劳动力成本持续大幅度增加、国际因素，是价格非对称传导效应存在的主要原因（许世卫 等，2012；董晓霞，2015；潘方卉等，2015）。

关于农产品价格波动区域间传导的研究，开始于 20 世纪 90 年代末期到 21 世纪初期，大量学者运用共聚合法、市场联系指数法等相关方法，对我国农产品市场整合问题进行了深入研究。万广华等（1997）对 35 个大中城市粳米的月度价格数据进行了分析，指出我国大部分城市之间粳米价格不存在长期整合关系。喻闻、黄季焜（1998）利用相关系数和协整检验方法对 1988—1995 年全国 22 个省份大米市场价格及整合程度进行了分析。田维明（1999）对粮食市场不同区域间的横向价格关系进行了分析。武拉平（2000）以小麦、玉米省属市场为例，分析了农产品地区差价和地区间价格波动规律，指出我国农产品价格传递从销地到产地之间存在因果关系，价格波动是需求导向型的。赵勇等（2009）对中国玉米主产区和主销区市场价格的传导关系进行了实证分析。贾伟等（2013）利用省份数据，对中国猪肉产业链价格传导机制进行了分析。石自忠等（2016）对牛肉市场价格波动的区域贡献情况进行了分析，研究发现主产区和主销区牛肉市场价格变化对全国牛肉市场价格波动的贡献率具有差异性，主产区贡献普遍较高。刘春鹏、肖海峰（2018）利用协整检验、误差修正模型、脉冲影响函数和方差分解等方法定量分析国际肉类价格对国内肉类价格的影响，研究发现，国内各肉类价格与国际对应肉类价格存在整合关系，牛肉国内外市场整合程度最高，猪肉次之，国际肉类价格对国内肉类价格影响程度较低。

三、文献评述

从总体上讲，国外关于牛肉价格问题的研究成果比较丰富，国内关于牛肉价格的研究虽然起步较晚，但也有了一定的进展。随着宏观经济环境的变化和肉牛产业的发展，牛肉市场还存在诸多值得深入探讨和研究的问题。在牛肉价格波动频繁且居高不下的现状下，对于牛肉价格波动及其影响因素、传导机制的分析，还存在以下几个可进一步深入研究的问题。

一是从研究的数据选用来看，已有关于牛肉价格波动影响因素的研究中，大多利用全国平均牛肉价格变动数据，或是针对某一省份数据对牛肉价格变动及其影响因素进行分析，且多数为年度数据，而利用省级面板数据对牛肉价格波动影响因素的成果不多。

二是已有关于牛肉价格传导机制的研究中，多数文献运用线性模型，没有考虑到门槛效应，即非线性调整问题；另外，已有研究主要以验证价格非对称传导现象并分析其特征为主，而对于其产生原因的深入分析较少。

三是纵观国内外学者的研究，关于牛肉价格传导机制的研究，多注重价格的纵向传递，即按照生产环节的先后，研究价格波动与传导，对横向价格传导的研究有待于进一步完善。

针对上述可进一步拓展的研究内容，本研究试图运用价格传导的相关理论，在分析我国牛肉价格波动现实特征的基础上，借鉴已有分析农产品价格变动及其影响因素的研究成果，选取省级牛肉价格面板数据，以及相关影响因素数据，在对数据进行平稳性检验、单位根检验的基础上，运用协整检验及 Granger 检验，分析影响我国牛肉价格变动的主要因素，并揭示各因素的影响方向及程度；从纵向产业链角度应用门限自回归模型检验判断中国牛肉批发价格与零售价格之间的传导关系，利用非对称误差修正模型分析牛肉批发价格与零售价格非对称传导效应。在此基础上，通过分析肉牛产业链上各环节的相关信息，探究中国牛肉市场价格非对称传导现象产生的原因；从横向空间角度考察我国不同区域之间、国内外牛肉价格的相互关系。针对牛肉价格波动的效果，提出稳定我国牛肉价格的对策建议。

第三节　研究目标与内容

　　针对牛肉价格持续走高的现实，本研究试图运用价格传导的相关理论，在分析我国牛肉价格波动现实特征的基础上，分析影响牛肉价格变动的因素，从纵向产业链角度运用 VAR 模型考察牛肉生产上下游之间在价格上的传导途径与效应，从横向空间角度考察我国不同区域之间国内外牛肉价格的相互关系，针对牛肉价格波动的效果，提出稳定我国牛肉价格的对策建议。具体目标如下：

　　（1）分析我国牛肉价格波动的特征，从年度、月度等角度考察我国牛肉价格波动的周期及特点。

　　（2）梳理牛肉价格变动的影响因素，并实证分析主要影响因素对牛肉价格的作用方向及程度。

　　（3）从产业链的角度，纵向分析我国牛肉价格沿产业链在上、中、下游之间价格传导的效应与途径。

　　（4）从横向空间角度，分析我国牛肉价格在不同区域之间的差异、区域间价格传导的途径，以及国内外牛肉市场价格冲击效应。

　　（5）针对我国牛肉价格变动的特征、传导路径、传导效应，提出稳定我国牛肉价格的对策建议。

第二章
概念界定与理论基础

第一节　概念界定与研究范围

一、概念界定

（一）牛肉价格波动

牛肉价格波动是指牛肉价格受市场需求和供给的影响，沿着某种趋势变动的规律或过程，上下调整。由于影响牛肉价格的因素很多，且各种因素也处于不断变化中，当这些因素的变化反映到牛肉价格上时，必然会导致牛肉价格发生变化，因此，价格波动是一种必然的现象。在肉牛产业发展初期，牛肉供给处于扩张期，肉牛养殖者不断加大投资，扩大生产规模，牛肉供给量不断增加。随着城乡居民消费需求的不断增长，且增速高于牛肉供给时，市场价格将处于高位运行，但是，当供给持续增长，而居民收入水平增长速度相对有限时，牛肉市场出现供过于求，会导致牛肉市场价格下滑。随着价格下滑，养殖者缩小生产规模或退出，牛肉供不应求，又会迎来下一轮牛肉市场价格的上涨。如果不考虑外部因素的冲击，牛肉市场将在供给和需求的不断变化中平缓运行，在平缓的状态下，牛肉市场可以根据供给和需求自行调节，无需政府政策干预。当然，除了牛肉供给与需求这两个因素外，相关政策的实施、经济环境的改变、疫病暴发等制度性因素和随机因素的出现，会引起牛肉市场价格的剧烈波动，进而造成市场价格的大幅上涨或下降。由

于养殖周期较长，生产者往往无法及时调整生产，进而受到较大冲击影响。

（二）牛肉市场价格传导

牛肉市场价格传导，是指当影响牛肉价格的某一价格发生变化，如生产价格发生变化，这种变化一方面会影响与牛肉生产相关联的产业部门中相关产品价格的变动，如牛肉生产投入要素价格的变动、牛肉零售价格的变动、牛肉加工产品价格的变动等；另一方面，也会引起其他区域牛肉生产价格的变动，这个价格的动态影响过程，就是牛肉价格传导的过程。

二、研究范围

针对牛肉价格持续走高的现实，本书试图运用价格传导的相关理论，在分析我国牛肉价格波动现实特征的基础上，分析影响牛肉价格变动的因素，从纵向产业链角度运用 VAR 模型考察牛肉生产上下游之间在价格上的传导途径与效应，从横向空间角度考察我国不同区域之间、国内外牛肉价格的相互关系，针对牛肉价格波动的效果，在此基础上，提出稳定我国牛肉价格的对策建议。

第二节　理论基础

一、价格形成理论

商品价格是供给和需求双方共同决定的，均衡价格是指某种商品的需求和供给相等时所对应的价格，是市场供给和需求两种力量均衡的一种表现。当某种产品市场处于供给大于需求或供给小于需求的非均衡状态时，市场上供给和需求双方两种相反力量相互运动，"看不见的手"自发调节，最终形成均衡价格。在均衡价格下需求者的所有需求均能满足，供给者供给的商品也可以全部出售，产品市场需求和供给相等，实现了均衡状态。

根据均衡价格形成的理论可以得出牛肉价格的形成。牛肉价格的形成是由牛肉需求和供给双方共同决定的，是当需求和供给相等时所对应的价格。牛肉是主要的农产品之一，现阶段，我国的牛肉生产仍以小规模家庭经营为主，其供给者是由千千万万个小规模、分散的农户提供的，这就决定了牛肉市场比较接近完全竞争市场，市场上众多的消费者和生产者都是牛肉市场既定价格的接受者。如图 2-1 所示，D 为牛肉市场的需求曲线，S 为牛肉市场的供给曲线，二者相交于均衡点 E。在均衡点 E，均衡价格为 P^*，均衡数量为 Q^*。此时，消费者购买的牛肉数量和生产者提供的牛肉数量是相等的，消费者愿意支付的价格和生产者愿意接受的价格也是相等的。当市场上牛肉供给量大于需求量，市场价格处于 P_1 时，牛肉供过于求，生产者将降价销售，在降价过程中，消费者的需求量将逐渐增加，直至牛肉市场价格降至 P^*；当市场上牛肉需求量大于供给量，市场价格处于 P_2 时，牛肉供不应求，牛肉价格将上涨，在上涨过程中，消费者的需求量将逐渐减少，直至牛肉市场价格升至 P^*。

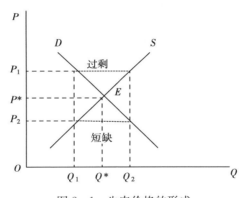

图 2-1 牛肉价格的形成

二、价格波动特征的相关理论

对牛肉市场价格在不同状态下波动特征的分析，主要源于经济周期理论。"波动"与"周期"二词源于物理学中的概念。"波动"是指振动在空间上的传播过程，是能量传递的一种方式。"周期"是在一定时间内物体运动的某些特征重复发生，它是波动的一种表现形式。"波动"的内涵相对较广，只要物体运行中存在振动，无论是否具有周期性，都可称为"波动"。在经济学中，这两个术语与原来的含义相对应，经济波动的概念比经济周期的概念更为宽泛，只有当经济波动呈现某种周期性特征时，才能称为经济周期，经济波动是经济总量的扩张和收缩过程，可以是周期性波动，也可以是非周期性波动。经济学中关于经济波动的研究主要集中在波动的特征、周期、幅度、原因等方面。

关于价格波动的研究，最早开始于亚当·斯密，他认为价格问题的研究包括研究价格波动所围绕的中心和价格波动本身这两个方面。亚当·斯密认为，商品有自然价格和市场价格两个属性，自然价格是指，如果低于该价格，企业家将不再出售这种商品的长期价格；市场价格是商品售出的实际价格。市场价格可能高于、低于或等于它的自然价格，市场价格围绕自然价格波动，自然价格是价格波动的中心。当商品的市场价格高于自然价格，更多的商品将进入市场，从而压低价格；如果它低于自然价格，一些生产要素将会撤出，供给将会减少，市场价格将会上升到自然价格，商品短期的供给和需求关系导致价格的波动。马克思认为，价格是商品价值的货币表现，是由附着在商品中的社会必要劳动时间决定的，商品价格围绕着商品的价值上下波动。商品价格和价值受市场环境和条件的影响和制约，价格偏离价值的原因在于价格运动与价值运动存在着不同的经济机制。价格波动不仅取决于商品本身价值量和市场条件的变动，也取决于货币价值的变动。他认为价格波动具有一定的周期性和规律性，且价格波动的周期与经济波动周期相关联。

本研究借助于经济周期性波动的研究思路，从时间和空间两个角度，全面分析牛肉价格波动特征，更好地认识牛肉价格波动的规律性。从时间角度，分析牛肉价格波动的特征，考察牛肉价格波动是否具有周期性的趋势，以认识牛肉价格波动的内在规律。同时，牛肉价格波动不仅表现在时间上，也表现在空间地域上，当某一地区的牛肉价格发生变化，必然引起和它相关联市场上牛肉价格的变动，因此，本研究利用相关数据，对牛肉价格在空间上的波动也进行了分析，考察牛肉价格在不同地区之间的波动情况。

三、价格波动原因的相关理论

引起价格波动的原因可以从内部和外部两个方面进行考察。内部传导模型是基于经济系统在没有受到外部冲击的情况下，由内部结构运动导致的经济波动，或者在受到外部冲击的作用下，系统结构所做出的响应。价格波动的内部传导模型主要是从引起价格波动的最重要的需求和供给两个方面，即决定价格的内部因素去分析价格波动问题。外部冲击模型主要是由经济体以外的因素所引起的波动问题。限于数据资料的可获得性，本研究重点考察内部冲击对牛肉价格的影响。

内部因素对价格波动的影响主要来自需求冲击和供给冲击两个方面。需求冲击的价格波动，就是从需求角度考察消费者需求的变动对价格的变动产生的影响。影响需求变动的因素有很多，消费者收入水平的变动、相关商品的价格、消费者对未来的预期、消费者偏好等因素相互作用，发生变化，就会引起消费需求的增加或减少，进而引起商品价格的波动。如图 2-2 所示，D_0、D_1、D_2 代表某种商品的需求曲线，S 代表其供给曲线，其价格水平在初始阶段处于 P^* 的水平，由于消费者需求的变动，即消费者收入水平的变动、相关商品价格、消费者对未来的预期、消费者偏好等因素的变化，或者是它们共同作用的结果，会导致消费者需求的增加或减少。在供给不变的前提下，当消费者需求增加时，需求曲线由 D_0 向右上方 D_1 移动，与供给曲线相交，产生新的均衡点 E_1，这时，商品价格由初始价格 P^* 上涨至 P_1；当消费者需求减少时，需求曲线由 D_0 向左下方 D_2 移动，与供给曲线 S 产生相交，产生新的均衡点 E_2，商品价格由 P^* 下降至 P_2。消费者需求变动的方向和幅度都会影响商品价格波动的方向和幅度。

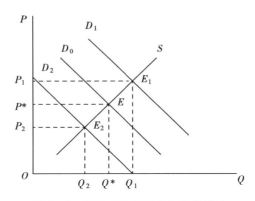

图 2-2　需求变动对商品价格的影响

供给冲击的价格波动，是从供给角度考察生产者供给的变动对价格变动所产生的影响。影响生产者供给变动的因素有很多，生产成本、相关商品价格、生产技术、生产者预期等因素发生变化或相互作用时，会引起商品供给的增加或减少，进而引起价格的波动。如图 2-3 所示，S_0、S_1、S_2 代表某种商品的供给曲线，D 代表其需求曲线，其价格水平在初始阶段处于均衡价格 P^* 的水平，由于生产成本、相关商品价格、生产技术、生产者预期等因素的变化和相互作用，导致生产者的供给增加或减少，供给曲线位置发生变化。如上述因素引起供给增加，供给曲线由 S_0 移动到 S_1 位置，与原需求曲线 D 形成新的均衡点

E_1，商品价格下降至 P_1 水平；反之，如果上述因素引起供给减少，供给曲线由 S_0 移动到 S_2 位置，与原需求曲线 D 形成新的均衡点 E_2，商品价格上升至 P_2 水平。供给变动的方向和幅度都会影响商品价格波动的方向和幅度。

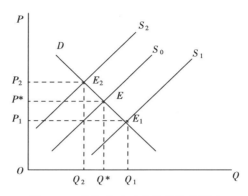

图 2-3　供给变动对商品价格的影响

　　牛肉是重要农产品之一，其生产周期较长，生产者和消费者对于产品价格的预期也会影响牛肉价格波动，因此，可以把蛛网理论分析的农产品价格理论看作是附加预期的价格波动理论。该理论是 20 世纪 30 年代由美国经济学家 H. Schultz、意大利经济学家 U. Ricci 和荷兰经济学家 J. Tinbergen 各自提出，英国经济学家 N. Kaldor 于 1934 年定名的。蛛网理论是一种动态均衡分析理论，该理论运用需求弹性与供给弹性的概念来分析价格波动对产量的影响，以解释农产品周期性波动的原因。蛛网模型的基本假设有三条：从开始生产到生产出产品需要一定时间，且这段时间内生产规模无法改变；本期产量决定本期价格；本期价格决定下期产量。在这三点假设条件之下，根据需求弹性与价格弹性的不同关系，可以分三种情况利用蛛网理论来研究波动的情况。

　　当商品的供给弹性小于需求弹性时，如图 2-4、图 2-5 所示，供给变动对价格变动的反应程度小于需求变动对价格变动的反应程度，也就是价格变动对供给的影响小于需求时，价格波动对产量的影响越来越小，价格与产量的波动越来越弱，最后自发地趋于均衡水平，这种蛛网波动为收敛型蛛网，随着时间（t）的推移，价格的波动越来越接近均衡价格 P^*。

　　当商品的供给弹性大于需求弹性时，如图 2-6、图 2-7 所示，需求变动对价格变动的反应程度小于供给变动对价格变动的反应程度，即价格变动对需求的影响小于供给时，价格波动对产量的影响越来越大，价格与产量的波

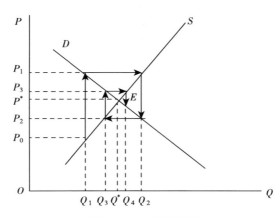

图 2-4 收敛型蛛网

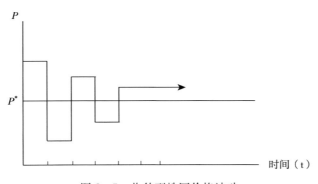

图 2-5 收敛型蛛网价格波动

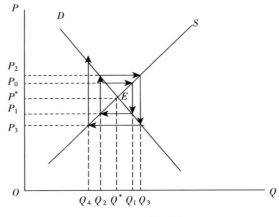

图 2-6 发散型蛛网

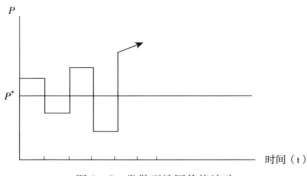

图 2-7　发散型蛛网价格波动

动越来越强，离均衡点越来越远，这种蛛网被称为发散型蛛网。随着价格波动的加大，产量的波动也随之增强。

当商品的供给弹性等于需求弹性时，如图 2-8、图 2-9 所示，供给变动对价格变动的反应程度与需求变动对价格变动的反应程度相等，即价格变动对供给与需求的影响相同时，价格与产量的波动始终保持相同程度，既不向均衡点趋近，又不远离均衡点，这种蛛网模型被称为封闭型蛛网。

从价格和产量在三种蛛网类型上的表现可以看出，如果某商品表现为收敛型蛛网，则可以借用市场的自发调节，实现供给和需求均衡的趋势；如果某商品表现为封闭型蛛网，则市场的自发调节是无法使其实现供求均衡的，只有实施其他调节措施，才能达到供求均衡；如果某商品表现为发散型蛛网，市场的自发调节功能失效，无法达到供求平衡。

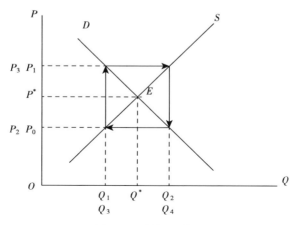

图 2-8　封闭型蛛网

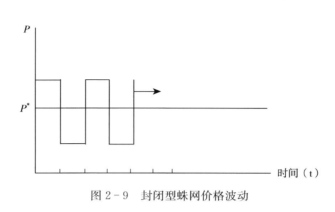

图 2-9　封闭型蛛网价格波动

四、价格传导相关理论

价格传导是指当某一商品的价格产生波动后，这种波动不会停止，而是通过不同的途径将这种价格的变化反映到其他和它有相互联系的产品、产业中去，引起其他相关商品价格的变化或反映到其他空间区域内的相同商品的价格上去，引起这些区域的商品价格发生变动。农产品价格波动是指农产品价格沿市场渠道产生溢出效应的一种价格现象，包括一种价格的变动通过各种途径或渠道影响其他价格的全过程。

结合农产品价格传导途径的相关研究成果，研究牛肉这一特定农产品的价格传导，可以从两个途径进行研究。一是牛肉价格波动在地区间的传导，即从区域价格波动的同步性考察牛肉价格在不同地域间的传导路径问题，不同地域间的牛肉价格，由于对牛肉市场在地域上的联系，牛肉价格必然存在着一定的联系，一个地区牛肉价格的波动，必然引起与它相关联地区牛肉价格的波动，这就是牛肉价格在地域间的传导。二是牛肉价格波动沿产业链传导，即从牛肉生产的产前农业生产资料到牛肉生产的产中养殖户，再到牛肉产业链末端的牛肉零售环节，沿着牛肉产业链分析处在产业链上游的牛肉生产资料价格、链条中游的牛肉生产价格和链条下游的牛肉零售价格之间的传导问题，考察各环节之间价格传导的方向、效应等。

第三节　本章小结

　　引起牛肉市场价格变化的因素诸多，同时，牛肉市场价格发生变化，也会引起肉牛产业链上其他相关环节商品价格的变化，本研究依据价格形成相关理论的基础上，借鉴价格波动特征及原因的相关理论成果，探寻牛肉市场价格变动的特征及影响因素，利用价格传导的相关理论，从横向的区域传导和纵向产业链的传导两个方面，研究牛肉市场价格传导机制，并据此提高稳定牛肉价格、促进肉牛产业稳定发展的对策建议。

第三章
牛肉市场价格变化的特征分析

第一节　牛肉价格年度波动特征

一、数据来源与说明

本节主要通过全国商品零售价格指数、牛肉零售价格指数、牛肉生产价格指数反映牛肉价格年度变化情况，这些指数主要通过国家统计局网站上的《中国统计年鉴》获得数据，这三个指标主要从牛肉生产与消费角度分析我国牛肉价格变化状况和特点。选择 2000—2017 年的数据，以牛肉零售价格指数代替牛肉零售价格变化，牛肉生产价格指数代替牛肉生产价格的变化，探索牛肉价格变动的规律和趋势，具体数据见表 3-1。

表 3-1　2000—2017 年牛肉零售价格、生产价格指数

单位：%

年份	牛肉零售价格指数 （上年＝100）	牛肉生产价格指数 （上年＝100）	商品零售价格指数 （上年＝100）	零售价格指数 （剔除通胀）	生产价格指数 （剔除通胀）
2000	107.90	99.71	98.5	109.55	101.23
2001	106.14	99.86	99.2	106.99	100.67
2002	110.28	91.40	98.7	111.73	92.60
2003	103.00	101.70	99.9	103.10	101.80
2004	117.10	103.90	102.8	113.91	101.07

（续）

年份	牛肉零售价格指数 （上年＝100）	牛肉生产价格指数 （上年＝100）	商品零售价格指数 （上年＝100）	零售价格指数 （剔除通胀）	生产价格指数 （剔除通胀）
2005	103.00	101.70	100.8	102.18	100.89
2006	97.30	100.60	101	96.34	99.60
2007	131.00	117.50	103.8	126.20	113.20
2008	121.70	123.60	105.9	114.92	116.71
2009	91.70	101.00	98.8	92.81	102.23
2010	103.00	104.70	103.1	99.90	101.55
2011	122.40	108.10	104.9	116.68	103.05
2012	102.20	116.80	102	100.20	114.51
2013	104.40	113.10	101.4	102.96	111.54
2014	100.30	104.40	101	99.31	103.37
2015	104.90	99.10	100.1	104.80	99.00
2016	106.84	98.70	100.7	106.10	98.01
2017	103.73	98.80	101.1	102.60	97.73

数据来源：《中国统计年鉴》。

二、牛肉价格年度波动描述统计性分析

从表3-2可以看出零售价格和生产价格最大值和最小值之间的差异不大，并且剔除通货膨胀后的标准差小于未处理之前的数值，说明数据处理较为合理。牛肉零售价格指数和牛肉生产价格指数的均值分别为106.13％和103.26％，二者的平均年增长速度为5.84％、3.08％，这说明了牛肉零售价格增长速度高于生产价格速度，为2.76％，且我国牛肉零售价格高于生产价格。

牛肉零售价格指数（剔除通胀）最大值为126.20，最小值为92.81，标准差为8.18，标准差系数为7.63％；牛肉生产价格指数（剔除通胀）最大值为116.71，最小值为92.60，标准差为6.44，标准差系数为6.23％。牛肉零售价格标准差系数高于生产价格标准差系数，说明牛肉零售价格波动的幅度大于生产价格的波动。

表 3 - 2　描述统计分析

变　　量	最小值	最大值	平均数	标准差
零售价格指数（剔除通胀）	92.81	126.20	106.13	8.18
生产价格指数（剔除通胀）	92.60	116.71	103.26	6.44
牛肉零售价格指数	91.70	131.00	107.61	9.71
商品零售价格指数	98.50	105.90	101.32	2.11
牛肉生产价格指数	91.40	123.60	104.70	8.14

三、我国牛肉价格年度波动 HP 滤波分析

（一）构建 HP 模型

HP 滤波是由美国人 Hodrick 和 Prescott 提出来的，主要原理是通过过滤掉波动较低的趋势成分，进而提取高频率的周期成分。

假设时间变量 Y_t 含有趋势因素和波动因素，令：$Y_t = Y_t^T + Y_t^C (t=1, 2, 3, \cdots, T)$。其中，$Y_t^T$ 表示含有趋势的时间序列因素，Y_t^C 表示含有波动的时间序列因素。HP 就是将趋势因素和波动因素分离出来。

分离公式为：

$$\min \sum_{t=1}^{T} \{(Y_t - Y_t^T)^2 + \lambda [c(L) Y_t^T]^2\}$$

并求出该公式的最小值（即 HP 滤波）。

HP 滤波主要取决于 λ 的值，该值为零时，符合最小化的趋势序列，随着 λ 的逐渐增大，估计出来趋势曲线就越光滑，当趋近于无穷大的时候，趋势接近于线性函数。一般情况下对于年度数据 λ 取值为 100。

（二）HP 滤波结果分析

利用 Eviews 软件，对 2000—2017 年剔除通货膨胀的牛肉零售价格指数和生产价格指数时间序列进行 HP 滤波分解，根据年度数据 λ 取值为 100，得到 HP 滤波结果，见图 3 - 1 和图 3 - 2。

从图 3 - 1 可以看出，LSJG 曲线表示牛肉零售价格指数的数列，Trend 曲线表示分解出来的牛肉零售价格变动的长期趋势，Cycle 曲线表示分解出来的牛肉价格循环变动趋势。从牛肉零售价格三条变化曲线的形状可以看

出，牛肉零售价格指数分解出来的长期变动趋势比原始数据曲线光滑，这说明牛肉零售价格长期变动趋势较为明显，并且随着时间变化呈现缓慢下降的趋势。

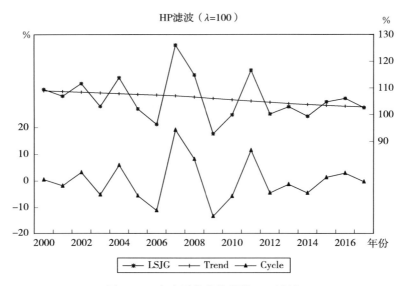

图 3-1　牛肉零售价格指数 HP 滤波

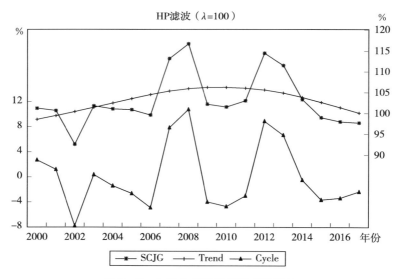

图 3-2　牛肉生产价格指数 HP 滤波

从图3-2可以看出，SCJG曲线表示牛肉生产价格指数的数列，Trend曲线表示分解出来的牛肉生产价格变动的长期趋势，Cycle曲线表示分解出来的牛肉生产价格循环变动趋势。从牛肉生产价格三条变化曲线的形状可以看出，牛肉生产价格指数分离出来的长期变动趋势比原始数据曲线光滑，说明牛肉生产价格长期变动趋势较为明显，并随着时间的变化，Trend曲线呈现先上升后下降的趋势。

（三）牛肉价格年度波动规律分析

1. 牛肉零售价格波动分析　运用Eviews软件测算出的HP滤波结果，见表3-3。根据表中的牛肉零售价格波动指数和生产价格波动指数详细分析牛肉零售价格和生产价格波动的规律。

表3-3　牛肉零售价格指数与生产价格指数的HP滤波结果

单位：%

年份	零售价格指数 （剔除通胀）	调整后的零售 价格指数	零售价格波动 指数	生产价格指数 （剔除通胀）	调整后的生产 价格指数	生产价格波动 指数
2000	109.55	109.03	0.47	101.23	98.53	2.66
2001	106.99	108.76	−1.66	100.67	99.46	1.20
2002	111.73	108.50	2.90	92.60	100.42	−8.44
2003	103.10	108.22	−4.97	101.80	101.44	0.35
2004	113.91	107.96	5.22	101.07	102.49	−1.40
2005	102.18	107.68	−5.38	100.89	103.53	−2.61
2006	96.34	107.40	−11.49	99.60	104.51	−4.93
2007	126.20	107.11	15.12	113.20	105.36	6.93
2008	114.92	106.67	7.18	116.71	105.94	9.23
2009	92.81	106.12	−14.34	102.23	106.22	−3.91
2010	99.90	105.61	−5.71	101.55	106.26	−4.64
2011	116.68	105.13	9.90	103.05	106.07	−2.93
2012	100.20	104.63	−4.43	114.51	105.63	7.75
2013	102.96	104.18	−1.19	111.54	104.88	5.97
2014	99.31	103.79	−4.51	103.37	103.86	−0.48
2015	104.80	103.46	1.28	99.00	102.67	−3.71
2016	106.10	103.16	2.77	98.01	101.39	−3.45
2017	102.60	102.85	−0.25	97.73	100.09	−2.42

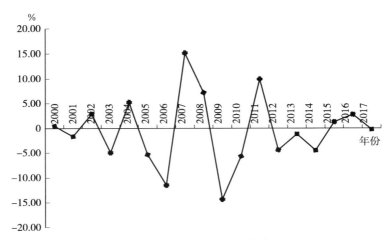

图 3-3 牛肉零售价格指数波动

从图 3-3 和表 3-4 可以看出牛肉零售价格波动周期性特征，牛肉零售价格波动周期平均长度为 3.6 年。其中最长的周期为 2007—2011 年，周期为 5 年，最短的波动周期为 3 年，说明牛肉零售价格指数的波动周期较长。波动的幅度平均值为 11.41%，2003—2006 年和 2007—2011 年两个周期的波动幅度分别为 16.71%、29.46%，属于较强波动型，说明牛肉零售价格受各种因素影响较大。2012—2014 年和 2015—2017 年牛肉零售价格波动幅度分别为 3.32%、3.02%，波动幅度较小，说明牛肉零售价格波动趋于稳定。

表 3-4 牛肉零售价格波动情况

年份	年距 (年)	波动高度 (%)	波动深度 (%)	波动幅度 (%)	扩张长度 (年)	收缩长度 (年)
2000—2002	3	2.9	1.66	4.56	2	1
2003—2006	4	5.22	11.49	16.71	1	3
2007—2011	5	15.12	14.34	29.46	3	2
2012—2014	3	1.19	4.51	3.32	0	3
2015—2017	3	2.77	0.25	3.02	1	2
平均值	3.6	5.44	6.45	11.41	1.4	2.2

从波动高度和深度分析，牛肉零售价格波动高度分别为 2.9%、5.22%、15.12%、1.19%、2.77%，平均波动高度为 5.44%，说明 2007—2011 年牛肉零售价格指数波动属于高峰型的波动，2012—2017 年牛肉零售价格指数上

涨较弱，增长速度较慢。波动深度分别为 1.66％、11.49％、14.34％、4.51％、0.25％，平均波动深度为 6.45％，2003—2006 年和 2007—2011 年深度波动较高，说明牛肉零售价格波动属于高峰型，2015—2017 年牛肉零售价格下降的能力较弱，速度较慢。

牛肉零售价格波动扩张长度为 2 年、1 年、3 年、0 年、1 年，平均扩张长度为 1.4 年，牛肉零售价格波动收缩长度为 1 年、3 年、2 年、3 年、2 年，平均收缩长度为 2.2 年，2012—2017 年牛肉零售价格收缩长度大于扩张长度，说明牛肉零售价格呈现下降趋势，牛肉零售价格上涨的扩张力呈现下降趋势。

2. 牛肉生产价格指数波动分析 从图 3-4 和表 3-5 可以看出牛肉生产价格波动特征，2000—2017 年将牛肉生产价格分为四个周期，平均年距为 4.5 年，说明牛肉生产价格波动周期较长。四个周期牛肉生产价格波动高度分别为 2.66％、9.23％、7.75％、5.97％，平均波动高度为 6.40％，除了 2000—2003 年周期波动高度较低，其他的都较高。四个生产周期牛肉生产价格波动深度分别为 8.44％、4.93％、4.64％、3.71％，平均波动深度为 5.43％，说明牛肉生产价格波动深度逐个周期下降。通过牛肉生产价格波动高度和深度可以看出，牛肉生产价格受各种因素影响较大，牛肉价格上涨、下降能力较强，速度较快。

牛肉生产价格波动幅度分别为 11.10％、14.16％、12.39％、9.68％，平均波动幅度为 11.83％。说明牛肉价格不稳定，上下起伏较大。牛肉生产价格波动的扩张长度和收缩长度的平均长度为 1.75 年和 2.75 年。除了 2000—2003 年，其他三个周期的牛肉生产价格波动扩张长度小于收缩长度，说明牛肉生产价格扩张能力逐渐减弱，收缩能力逐渐增强，这也说明牛肉价格下降呈现持续性。

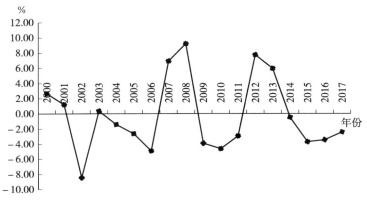

图 3-4 牛肉生产价格指数波动

29

表3-5　牛肉生产价格波动情况

年份	年距 (年)	波动高度 (%)	波动深度 (%)	波动幅度 (%)	扩张长度 (年)	收缩长度 (年)
2000—2003	4	2.66	8.44	11.10	3	1
2004—2008	5	9.23	4.93	14.16	2	3
2009—2012	4	7.75	4.64	12.39	1	3
2013—2017	5	5.97	3.71	9.68	1	4
平均值	4.5	6.40	5.43	11.83	1.75	2.75

第二节　牛肉价格月度波动特征

一、数据来源与处理

本节剔骨牛肉批发价格月度数据主要来源于《中国畜牧兽医年鉴》、"全国农产品批发市场信息网",主要收集2008—2017年牛肉价格月度数据,并且运用CPI消除通货膨胀对牛肉价格的影响。对牛肉批发价格的处理能够真实反映价格变动的规律。具体数据季节调整处理如下:

牛肉批发价格具有一定季节性,为了准确分析牛肉批发价格的变化特征,本研究利用Eviews 8.0对牛肉批发价格月度数据进行了季节性调整。

从图3-5可以看出,价格调整后的牛肉批发价格的月度数据的折线图呈现向上增长趋势;牛肉价格变动具有明显的季节趋势。2014年以来牛肉价格季节因素更为明显。图3-6是利用CensusX12季节调整方法对剔除通货膨胀因素的牛肉价格进行季节性调整,同时消除季节变动和不规则因素的影响,得到的牛肉价格变动的趋势循环序列。结果表明,2008—2014年牛肉价格具有较长的向上增长趋势,2014—2017年牛肉价格呈现上下波动趋势。

从图3-7牛肉价格的季节因子可以看出,图形呈现"波形"形态,说

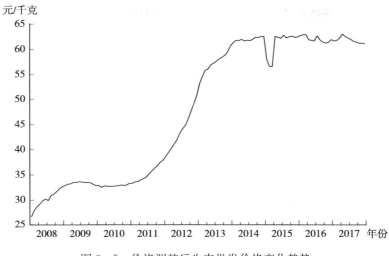

图 3-5　价格调整后牛肉批发价格变化趋势

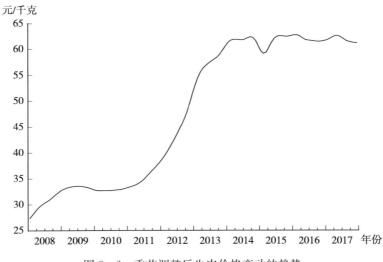

图 3-6　季节调整后牛肉价格变动的趋势

明波动周期比较固定，波动周期为一年的时间，2008—2012 年牛肉价格季节波动的幅度大致相等；2013—2017 年牛肉价格季节波动幅度呈现逐年下降。从图 3-8 牛肉价格中的不规则因素，可以看出曲线的形状上下波动没有规律，但是 2015—2016 年不规则波动较大，说明随机因素对牛肉价格影响较大。

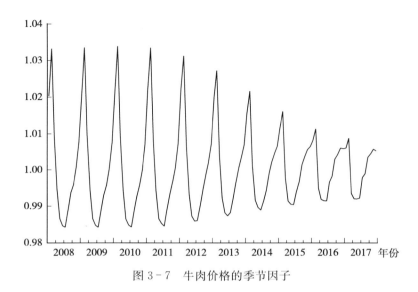

图 3-7　牛肉价格的季节因子

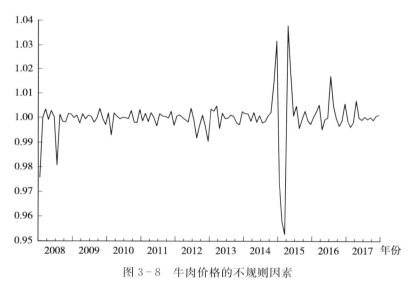

图 3-8　牛肉价格的不规则因素

二、牛肉价格月度波动 HP 滤波分析

图 3-9 中，y 曲线表示牛肉月度批发价格的季节调整后的原始数据序列，Trend 曲线表示分解出来的牛肉价格变动的长期趋势，Cycle 曲线表示分解出

来的牛肉价格循环变动的数列。通过长期趋势的光滑曲线明显看出，牛肉批发价格呈现上升的趋势，并且在 2014—2017 年呈现平缓上升趋势。

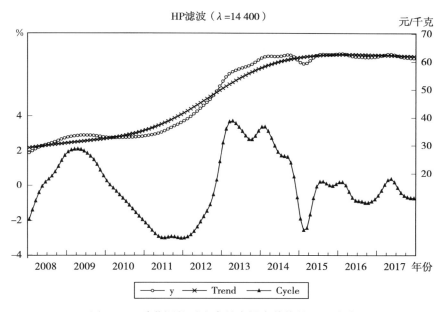

图 3-9　季节调整后牛肉月度批发价格的 HP 滤波

三、牛肉价格月度波动规律分析

根据牛肉批发价格月度波动的绝对值和价格波动指数，可以用来直接反映牛肉价格波动情况。从图 3-10 和图 3-11 可以看出牛肉价格月度波动规律特征，根据这两个图划分牛肉价格月度周期性变化。

从表 3-6 可以看出，牛肉价格波动周期平均长度为 20 个月，根据牛肉价格月度数据波动指数将牛肉价格分为 6 个周期，而且根据月距变化情况呈现倒 U 形，说明牛肉价格月度波动具有明显的季节性。牛肉价格月度数据波动幅度平均为 7.92%，2008 年 1 月至 2017 年 12 月，6 个周期的波动幅度分别为 14.95%、15.13%、9.08%、4.45%、1.75%、2.14%，说明牛肉价格波动幅度呈现逐年变小的趋势。2008 年 1 月至 2015 年 2 月波动幅度较大，2015 年 3 月至 2017 年 12 月牛肉价格月度波动逐渐呈现下降趋势，也说明牛肉价格稳定性逐渐利好。

在 6 个周期中，波动高度分别为 6.28%、6.59%、4.76%、0.36%、0.12%、0.63%，平均值为 3.12%，说明我国牛肉批发价格波动逐渐减弱，表明牛肉价格上涨幅度较弱，增长速度减慢。6 个周期中，波动深度分别为 8.67%、8.54%、4.32%、4.09%、1.63%、1.51%，平均波动深度为 4.79%。2008 年 1 月至 2011 年 6 月，牛肉批发价格波动属于峰形波动，牛肉价格下降能力较强，2013 年 10 月以后牛肉批发价格深度波动逐渐减弱，说明牛肉价格深度波动减弱。通过波动高度和深度可以看出，牛肉价格下降波动幅度大于上涨波动幅度。

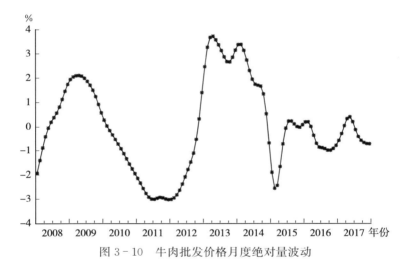

图 3-10　牛肉批发价格月度绝对量波动

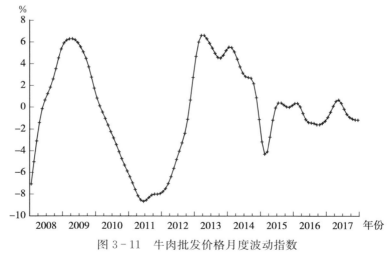

图 3-11　牛肉批发价格月度波动指数

表 3-6　牛肉批发价格波动周期

年份	月距 （个月）	波动高度 （%）	波动深度 （%）	波动幅度 （%）	扩张长度 （个月）	收缩长度 （个月）
2008.1 至 2011.6	42	6.28	8.67	14.95	15	27
2011.7 至 2013.9	27	6.59	8.54	15.13	21	6
2013.10 至 2015.2	17	4.76	4.32	9.08	5	12
2015.3 至 2015.10	8	0.36	4.09	4.45	4	4
2015.11 至 2016.9	11	0.12	1.63	1.75	2	9
2016.10 至 2017.12	15	0.63	1.51	2.14	7	8
平均	20	3.12	4.79	7.92	9	11

通过牛肉价格扩张长度和收缩长度可以看出平均收缩长度为 11 个月，高于扩张长度 9 个月，说明牛肉价格正处于收缩趋势，近几年牛肉批发价格扩张能力不变，但是收缩能力逐渐增强。

第三节　本章小结

本章从牛肉价格整体的角度，分别从年度和月度两个数据口径，利用 HP 滤波法，分析我国牛肉批发价格波动的周期特征，并得出主要结论如下：

牛肉零售价格波动：2003—2006 年和 2007—2011 年两个周期的波动幅度分别为 16.71%、29.46%，属于较强波动型，说明牛肉零售价格受各种因素影响较大。2012—2014 年和 2015—2017 年牛肉零售价格波动幅度为 3.32%、3.02%，波动幅度较小，说明牛肉零售价格波动趋于稳定。2003—2006 年和 2007—2011 年深度波动较高，说明牛肉零售价格波动属于高峰型。2015—2017 年牛肉零售价格下降的能力较弱，速度较慢。2012—2017 年牛肉零售价格收缩长度大于扩张长度，说明牛肉零售价格呈现下降趋势，牛肉零售价格上涨的扩张力呈现下降趋势。

牛肉生产价格波动：2000—2017 年将牛肉生产价格分为 4 个周期，平均年距为 4.5 年，说明牛肉生产价格波动周期较长。通过牛肉生产价格波动高度和深度可以看出，牛肉生产价格受各种因素影响较大，牛肉价格上涨、下降能力较强，速度较快。牛肉生产价格波动幅度分别为 11.10%、14.16%、12.39%、9.68%，平均波动幅度为 11.83%。说明牛肉价格不稳定，上下起伏较大。牛肉生产价格波动的扩张长度和收缩长度的平均长度为 1.75 年、2.75 年。除了 2000—2003 年，其他 3 个周期的牛肉生产价格波动扩张长度小于收缩长度，说明牛肉生产价格扩张能力逐渐减弱，收缩长度逐渐增强，也说明牛肉价格下降呈现持续性。

　　2008 年 1 月至 2015 年 2 月波动幅度较大，2015 年 3 月至 2017 年 12 月牛肉月度价格波动逐渐呈现下降趋势，也说明牛肉价格稳定性逐渐利好。2008 年 1 月至 2011 年 6 月，牛肉批发价格波动属于峰型波动，牛肉价格下降能力较强，2013 年 10 月以后牛肉批发价格深度波动逐渐减弱，说明牛肉价格深度波动减弱。通过波动高度和深度可以看出，牛肉价格下降波动幅度大于上涨波动幅度，牛肉价格正处于收缩趋势，近几年牛肉批发价格扩张能力不变，但是收缩能力逐渐增强。

第四章
牛肉价格波动的区域特征及传导路径

第三章从纵向时间的角度，分别利用年度、月度数据考察了我国牛肉价格波动的特征。本章将从横向的地理区域角度考察不同地理区域牛肉价格的变动情况以及不同区域之间牛肉价格波动的相互关系问题。我国幅员辽阔，不同地区具有明显的区域特点，在牛肉生产方面主要表现为不同区域肉牛养殖的规模、肉牛的品种、牛肉上市的季节，以及主要牛肉消费习惯等均有明显差异性。

第一节　牛肉生产区域划分

根据地理经济标准，结合农业部印发的《全国肉牛优势区域布局规划（2008—2015）》，将我国牛肉生产区域划分为六大区域：华北地区（北京、天津、河北、山西），东北地区（辽宁、吉林、黑龙江、内蒙古），华东地区（上海、江苏、浙江、安徽、福建、江西、山东），中南地区（河南、湖北、湖南、广东、广西、海南），西南地区（重庆、四川、贵州、云南、西藏），西北地区（陕西、甘肃、青海、宁夏、新疆）。

根据统计数据显示，2018 年我国牛肉总产量达 644.06 万吨，这六大区域，31 个省（自治区、直辖市）中牛肉产量排在前十的省份分别是：山东 76.38 万吨、内蒙古 61.43 万吨、河北 56.36 万吨、黑龙江 42.56 万吨、新疆

41.97 万吨、吉林 40.66 万吨、云南 36.02 万吨、河南 34.8 万吨、四川 34.47 万吨、辽宁 27.50 万吨。这十个省份的牛肉产量占全国牛肉产量的比例分别是：山东省 11.86%，内蒙古 9.54%，河北省 8.75%，黑龙江省 6.61%，新疆 6.51%，吉林省 6.31%，云南省 5.59%，河南省 5.40%，四川省 5.35%，辽宁省 4.27%。这十个省份牛肉总产量达 452.15 万吨，占全国牛肉总产量的 70.20%。

我国六大区域中，东北地区的四个省份牛肉产量均排在全国前十位，因此可以看出这一地区是我国牛肉的主要生产集中区域，这一区域的牛肉生产能力相对较强。其他的区域，华北（河北）、西南（云南、四川）各有两个省份，华东（山东）、中南（河南）、西北（新疆）各有一个省份牛肉产量在全国排在前十位。

第二节　牛肉价格指标选择与数据来源

一、牛肉价格指标选择

在选择反映全国牛肉价格区域波动情况的数据指标时，主要从两方面考虑。

（一）指标的频率问题

反映牛肉价格的不同频率指标有很多，有年度、季度、月度、日度数据等，牛肉价格的日度数据是频率最高的数据，因此应该最能反映出牛肉价格在区域上的波动与传导，但要分析全国范围内价格在区域间的波动与传导，价格日度数据对分析空间上距离较近的地区可能效果较好，而对于空间地区距离较远的地区运用日度数据则不能有效反映出它们之间的价格波动与传导问题，另外要获得全国及各地区的牛肉价格的日度数据，并且还要超过 30 个以上的样本数据，数据的可获得性相对较难，因此本研究没有采用日度数据进行分析。采用月度数据，能比较好地反映空间不同地区之间的价格波动与传导，既可以反映出短期变动的特征，也可以反映出较长期的变化，此外，选择月度数据也符合牛肉这种农产品的生产特征，比日度、年度数据能更好地反映出牛肉价格在区域上的传递。而年度数据，相对来说能够从长期的角度反映牛肉在不同区域空间的价格波动问题，但使用年度数据会产生比较严重的时效性问题，不容易反映出短期市场的价格传递，所以我们分别采用了牛肉价格的年度与月度数据来从整体上反映牛肉价格在地理区域间波动的特征，反映不同地区牛肉价格波动之间的相互关系。

（二）指标类型的选择

反映地区间牛肉价格的指标种类也有很多，具体有各地区牛肉的生产价格指数、零售价格指数牛肉分类指数、居民消费价格指数牛肉分类指数，牛肉的批发市场价格，牛肉的集贸市场价格等。本文根据论文相关性以及数据的可获取程度，选取去骨牛肉市场价格进行相关研究。

表 4 - 1　2000—2018 年全国各地区去骨牛肉市场价格

单位：元/千克

地区	2018	2017	2016	2015	2014	2013	2012	2011	2010	2009
全国	65.17	63.00	63.36	62.07	63.29	58.81	45.14	37.15	33.91	33.09
北京	58.05	54.41	53.94	53.36	54.63	55.48	40.99	35.21	32.33	30.69
天津	61.16	57.12	55.60	58.20	60.35	55.16	40.29	34.74	31.66	30.20
河北	56.48	52.14	51.66	53.10	55.30	52.78	40.53	33.79	30.26	29.77
山西	57.29	53.69	52.78	52.69	53.35	49.91	39.01	34.31	30.81	30.45
内蒙古	58.43	55.06	54.86	54.83	55.85	54.27	41.32	33.48	30.01	29.24
辽宁	60.75	57.72	57.84	58.83	59.95	56.17	43.85	34.33	31.34	31.03
吉林	60.10	57.06	58.69	60.02	60.12	56.16	43.00	33.86	31.02	30.84
黑龙江	58.76	55.66	56.67	58.70	59.09	56.05	42.61	33.11	30.46	28.52
上海	73.79	71.22	75.03	75.36	75.18	67.27	55.16	42.66	38.48	37.93
江苏	68.24	63.23	61.70	62.01	62.21	60.10	46.09	39.92	34.81	34.05
浙江	75.34	74.17	77.63	77.23	76.60	64.41	50.37	44.12	40.91	40.53
安徽	64.70	62.99	63.04	62.88	61.57	57.91	43.10	36.64	34.52	33.85
福建	78.14	76.57	77.07	77.25	76.10	67.13	54.03	44.93	41.15	40.97
江西	77.24	76.11	77.59	78.32	77.25	69.23	51.47	40.89	38.27	39.18
山东	62.01	59.12	58.12	57.95	58.25	56.18	42.53	35.94	33.07	31.33

（续）

地区	2018	2017	2016	2015	2014	2013	2012	2011	2010	2009
河南	58.51	55.85	56.06	56.96	57.69	54.98	42.95	36.19	32.05	30.98
湖北	66.88	63.91	64.64	65.52	66.39	62.21	45.97	37.26	34.15	33.83
湖南	76.33	76.01	75.25	75.08	71.59	65.58	47.90	39.92	38.03	37.72
广东	77.20	77.00	76.17	74.86	74.34	69.57	55.68	44.35	41.40	40.89
广西	71.56	71.13	72.24	72.30	70.81	63.56	49.71	38.26	35.93	34.77
海南	93.82	93.19	92.52	88.84	86.29	76.59	59.31	44.32	39.99	39.48
重庆	65.68	62.70	62.74	63.26	61.18	55.49	45.20	36.07	32.09	32.48
四川	64.11	61.73	61.82	61.51	60.36	55.18	42.61	34.70	32.12	31.35
贵州	68.96	68.35	68.62	68.59	68.26	61.75	45.95	36.30	33.12	32.45
云南	65.48	64.62	63.87	63.41	61.17	56.42	45.18	36.02	34.40	33.31
陕西	59.59	55.72	55.91	56.43	56.84	51.52	42.27	35.98	31.95	31.70
甘肃	60.07	57.46	57.37	58.13	58.29	54.82	42.78	35.98	30.67	29.36
青海	58.64	55.12	54.67	55.45	57.97	57.30	43.41	35.69	31.03	29.37
宁夏	58.28	56.26	55.91	56.52	57.81	57.53	44.48	36.80	32.03	29.81
新疆	62.77	58.13	54.50	55.77	61.52	59.54	41.23	38.77	35.35	31.30

地区	2008	2007	2006	2005	2004	2003	2002	2001	2000
全国	31.81	22.23	18.54	17.89	16.81	15.65	14.43	13.37	12.88
北京	30.39	21.13	16.34	15.41	15.17	15.63	13.79	13.17	13.07
天津	28.77	20.75	17.44	16.24	15.25	14.49	13.73	13.01	12.04
河北	28.88	20.90	16.13	15.25	14.35	14.10	13.33	12.40	12.25
山西	31.15	21.12	16.23	15.53	16.47	14.37	13.83	13.71	13.99
内蒙古	29.09	20.08	15.48	15.03	15.15	14.95	13.98	12.69	12.09
辽宁	29.61	21.48	16.50	16.02	16.17	15.62	14.94	13.80	13.06
吉林	30.03	22.36	16.76	16.02	15.90	16.00	14.97	13.72	12.60
黑龙江	28.38	20.61	15.57	15.29	15.28	15.27	14.24	13.60	10.59
上海	36.62	26.64	23.20	22.52	21.11	21.50	20.27	18.51	16.25
江苏	33.97	23.17	19.61	18.46	16.27	14.77	13.62	12.93	13.24
浙江	39.89	27.87	25.71	24.76	20.91	19.53	17.04	15.60	15.99
安徽	34.68	22.79	18.50	16.93	15.57	14.31	13.69	12.06	11.82

（续）

地区	2008	2007	2006	2005	2004	2003	2002	2001	2000
福建	39.61	26.92	24.93	23.18	21.35	19.47	17.18	15.16	15.26
江西	34.40	24.21	21.33	20.20	17.62	15.49	14.23	12.96	12.69
山东	30.64	20.43	16.51	15.43	14.63	14.14	13.66	12.60	11.91
河南	30.74	21.82	17.42	16.44	14.73	14.28	13.71	12.34	12.06
湖北	33.08	21.22	18.47	17.04	15.21	13.83	12.45	11.88	11.52
湖南	35.76	23.88	21.09	20.01	17.63	15.72	13.87	12.62	12.40
广东	38.34	26.63	24.07	23.35	21.89	19.20	17.49	16.90	16.57
广西	32.80	22.88	20.18	19.40	17.44	14.49	12.63	11.48	11.44
海南	35.56	26.15	24.70	22.71	20.23	15.81	14.79	14.45	14.10
重庆	31.06	22.14	18.81	17.09	16.42	15.16	13.72	11.16	10.81
四川	28.35	20.67	16.90	15.72	15.18	13.72	12.32	10.82	10.65
贵州	31.31	21.73	19.64	18.06	16.16	14.30	12.98	11.57	10.58
云南	30.52	22.62	19.81	18.09	17.12	15.26	14.58	13.91	13.86
陕西	33.16	21.62	17.67	17.25	15.73	13.92	13.69	12.82	12.29
甘肃	29.38	20.31	16.12	16.10	16.09	15.37	14.35	13.05	12.48
青海	29.38	21.21	16.31	15.99	15.75	14.80	13.93	12.23	11.47
宁夏	30.19	21.30	16.26	16.77	16.29	16.06	14.05	14.03	12.90
新疆	29.28	19.60	15.15	16.18	17.34	16.75	16.19	15.65	13.27

数据来源：中国畜牧业信息网，由于无法获取西藏自治区牛肉价格数据，本章后续内容中仅对我国大陆地区除西藏自治区的 30 个省（自治区、直辖市）相关数据进行分析。

表 4-2　2016—2018 年全国各地区去骨牛肉集市价格

单位：元/千克

时间	北京	天津	河北	山西	内蒙古	辽宁	吉林	黑龙江	上海	江苏
2018 年 12 月	60.75	64.60	58.54	61.39	61.58	62.50	63.44	60.83	77.34	74.48
2018 年 11 月	59.31	63.46	57.60	59.25	60.48	62.32	63.29	60.15	76.58	72.22
2018 年 10 月	59.55	62.68	57.04	57.93	59.35	61.96	62.19	59.59	76.60	70.49
2018 年 09 月	59.64	61.72	57.19	56.37	58.88	61.22	60.66	58.93	76.00	69.78
2018 年 08 月	56.92	61.37	56.41	55.86	57.99	60.19	59.61	58.63	72.87	67.96
2018 年 07 月	56.76	60.60	55.70	55.72	57.69	59.70	59.27	58.18	72.17	66.86

（续）

时间	北京	天津	河北	山西	内蒙古	辽宁	吉林	黑龙江	上海	江苏
2018 年 06 月	57.16	59.50	55.32	56.09	57.69	60.09	58.96	57.94	71.34	66.57
2018 年 05 月	56.84	60.30	55.48	56.35	57.12	60.37	58.61	57.68	71.07	66.03
2018 年 04 月	57.35	60.52	55.71	56.74	57.22	60.34	58.99	57.93	71.42	65.17
2018 年 03 月	57.45	60.94	55.92	57.27	57.64	60.32	58.97	58.28	71.84	65.75
2018 年 02 月	58.80	61.05	56.92	57.89	58.21	60.56	59.51	58.68	75.17	67.12
2018 年 01 月	56.12	57.14	55.88	56.66	57.33	59.48	57.70	58.27	73.13	66.49
2017 年 12 月	55.10	56.40	54.74	55.49	56.83	58.95	57.11	57.36	72.21	66.28
2017 年 11 月	55.20	56.60	54.14	54.61	55.74	58.37	56.92	55.99	70.71	65.32
2017 年 10 月	55.60	56.70	53.22	53.97	55.45	58.37	56.89	55.47	70.25	64.15
2017 年 09 月	55.60	55.75	52.36	53.88	55.50	57.81	57.08	54.96	70.54	63.66
2017 年 08 月	54.44	57.36	51.78	52.91	54.48	57.12	56.55	54.84	67.75	63.34
2017 年 07 月	55.20	58.65	51.14	52.81	54.26	57.01	56.18	55.12	68.34	63.06
2017 年 06 月	55.20	57.75	50.86	52.90	54.24	57.48	56.09	55.04	68.58	61.88
2017 年 05 月	54.04	57.68	51.07	52.69	54.53	57.58	56.63	55.18	69.80	61.94
2017 年 04 月	52.95	57.05	51.55	53.13	54.66	57.26	57.10	55.35	72.42	62.04
2017 年 03 月	52.60	57.28	51.75	53.87	54.86	56.99	56.86	55.30	74.07	61.46
2017 年 02 月	53.00	56.80	51.71	54.48	55.03	57.37	57.57	55.71	76.42	62.24
2017 年 01 月	53.95	57.40	51.31	53.59	55.09	58.32	59.76	57.65	73.50	63.39
2016 年 12 月	54.60	56.25	51.40	53.25	54.72	57.64	57.37	55.85	75.25	61.71
2016 年 11 月	54.48	55.68	51.04	52.57	54.12	57.66	57.48	55.75	74.47	61.38
2016 年 10 月	54.35	52.95	51.15	52.54	53.62	57.25	57.79	55.65	74.17	61.87
2016 年 09 月	54.05	55.60	51.34	52.34	53.98	57.45	58.29	55.79	74.00	62.19
2016 年 08 月	53.96	54.70	50.98	51.89	54.10	57.36	58.86	55.86	74.47	61.93
2016 年 07 月	51.90	54.63	50.88	52.37	54.48	57.26	58.77	56.39	74.34	61.24
2016 年 06 月	51.88	54.70	50.98	52.63	55.09	57.73	58.98	57.01	75.27	60.51
2016 年 05 月	52.95	55.70	51.38	52.42	55.49	57.40	58.51	57.28	75.25	61.03
2016 年 04 月	54.10	55.80	51.50	52.82	55.47	57.83	58.46	57.21	75.75	61.05
2016 年 03 月	55.52	55.32	51.78	53.23	55.22	58.24	58.95	56.74	75.20	61.96
2016 年 02 月	55.10	57.80	52.51	54.47	55.73	58.84	60.00	57.21	76.17	63.40
2016 年 01 月	54.40	58.03	54.94	52.82	56.32	59.36	60.83	59.33	76.04	62.14

（续）

时间	浙江	安徽	福建	江西	山东	河南	湖北	湖南	广东	广西
2018 年 12 月	79.42	68.32	81.22	78.61	64.94	60.67	70.62	78.72	78.55	73.62
2018 年 11 月	78.62	67.54	79.38	77.38	63.65	59.65	69.09	77.15	77.74	72.76
2018 年 10 月	77.69	66.00	78.56	77.41	62.27	58.99	68.26	75.84	77.47	72.31
2018 年 09 月	75.13	64.76	77.36	76.50	61.83	58.71	66.81	75.33	77.08	71.43
2018 年 08 月	73.34	63.50	77.24	75.63	61.07	58.11	64.53	74.48	76.19	70.71
2018 年 07 月	73.50	62.79	77.01	76.05	60.77	58.13	64.64	74.55	75.75	70.03
2018 年 06 月	73.45	62.64	77.01	76.25	60.65	57.96	64.50	75.00	75.82	69.88
2018 年 05 月	73.72	62.15	77.10	76.34	61.07	57.77	64.95	75.33	75.85	69.87
2018 年 04 月	73.57	62.59	76.89	76.58	61.34	57.95	65.65	75.99	76.01	70.62
2018 年 03 月	74.33	63.87	77.94	77.53	61.52	57.98	67.13	77.16	77.61	72.15
2018 年 02 月	76.10	66.86	80.41	80.09	63.01	58.65	68.90	79.11	79.66	73.74
2018 年 01 月	75.24	65.33	77.51	78.52	62.05	57.51	67.42	77.29	78.63	71.55
2017 年 12 月	74.86	64.45	77.32	77.95	60.99	56.84	66.02	77.09	78.49	71.38
2017 年 11 月	74.46	63.92	76.72	76.53	60.02	56.41	64.64	76.78	77.77	71.23
2017 年 10 月	73.96	63.42	76.87	75.40	59.55	56.17	64.43	76.18	77.24	71.00
2017 年 09 月	72.94	62.78	76.72	74.68	59.27	55.71	63.55	75.44	76.65	70.69
2017 年 08 月	72.36	62.38	75.70	74.04	59.21	55.29	62.07	74.66	76.10	70.44
2017 年 07 月	72.34	62.48	75.45	73.92	58.50	55.18	61.37	74.22	75.75	70.19
2017 年 06 月	72.72	62.20	75.64	74.81	58.38	55.14	61.72	74.29	76.39	70.35
2017 年 05 月	73.01	61.89	75.88	75.08	58.75	55.18	62.23	74.75	76.84	70.56
2017 年 04 月	73.91	62.21	76.85	75.84	58.56	55.25	63.27	75.45	77.34	70.78
2017 年 03 月	74.76	62.31	76.80	76.97	58.44	55.55	64.22	76.75	77.34	71.06
2017 年 02 月	76.67	64.04	77.98	79.49	59.29	56.00	67.20	79.26	78.19	73.43
2017 年 01 月	78.01	63.85	76.87	78.59	58.50	57.47	66.22	77.21	75.90	72.49
2016 年 12 月	76.88	64.13	77.05	77.11	58.55	55.56	65.26	76.21	77.38	71.33
2016 年 11 月	76.39	63.46	77.07	77.00	58.19	55.21	64.07	75.51	77.40	71.23
2016 年 10 月	75.52	63.31	77.08	76.79	57.71	55.24	63.30	74.96	76.08	71.44
2016 年 09 月	75.34	63.57	76.97	76.95	57.92	55.37	62.74	74.05	75.82	71.65
2016 年 08 月	76.38	62.12	76.59	76.38	57.49	55.33	62.06	73.25	75.35	71.64
2016 年 07 月	77.34	61.66	76.65	76.58	57.68	55.68	62.64	73.21	75.46	71.83

（续）

时间	浙江	安徽	福建	江西	山东	河南	湖北	湖南	广东	广西
2016 年 06 月	77.92	61.98	76.77	76.66	58.16	55.76	63.36	74.08	75.56	72.28
2016 年 05 月	78.76	61.58	76.80	76.60	58.08	56.11	64.23	75.37	75.28	72.45
2016 年 04 月	79.07	62.08	76.94	77.08	57.99	56.39	65.10	76.41	75.74	72.97
2016 年 03 月	79.52	63.14	77.26	78.82	57.98	56.54	66.05	77.49	76.67	73.44
2016 年 02 月	79.99	64.47	78.97	82.01	58.97	57.58	67.98	78.36	77.97	74.25
2016 年 01 月	78.39	64.92	76.63	79.13	58.68	57.89	68.93	74.10	75.30	72.34

时间	海南	重庆	四川	贵州	云南	陕西	甘肃	青海	宁夏	新疆
2018 年 12 月	99.40	70.62	68.25	70.55	67.93	62.63	62.44	62.56	60.84	64.70
2018 年 11 月	95.21	69.12	65.94	70.16	67.23	61.17	61.32	61.43	59.81	64.81
2018 年 10 月	94.42	67.20	64.29	69.75	66.07	60.54	60.44	59.10	59.15	64.08
2018 年 09 月	94.13	65.83	63.39	69.25	65.61	60.44	59.70	58.23	58.70	63.81
2018 年 08 月	93.01	64.83	63.21	68.42	64.97	59.44	60.05	57.55	57.20	62.80
2018 年 07 月	93.30	63.76	62.70	67.67	64.32	59.06	59.86	57.23	57.08	61.87
2018 年 06 月	91.11	62.70	62.93	67.36	64.24	58.96	59.39	57.69	56.80	61.55
2018 年 05 月	91.00	62.70	63.02	67.66	64.06	58.84	58.98	58.00	57.11	61.74
2018 年 04 月	92.67	63.34	63.22	68.15	64.32	58.72	59.14	58.08	57.33	61.93
2018 年 03 月	93.65	64.71	63.67	68.96	65.07	58.47	59.65	57.63	57.66	62.43
2018 年 02 月	94.50	67.15	64.73	70.52	66.20	58.96	60.13	58.18	59.07	62.48
2018 年 01 月	93.48	66.20	63.98	69.06	65.77	57.83	59.72	57.97	58.55	61.01
2017 年 12 月	92.50	65.48	63.15	68.31	65.46	57.27	59.21	57.91	57.85	60.70
2017 年 11 月	92.40	64.07	62.37	67.53	65.15	56.79	58.34	56.78	57.75	59.84
2017 年 10 月	91.80	63.77	61.93	67.40	64.53	56.17	57.89	55.45	57.21	60.23
2017 年 09 月	93.00	63.28	61.51	66.63	64.29	55.79	57.46	55.81	56.49	58.94
2017 年 08 月	93.36	61.38	60.95	67.14	64.05	55.21	57.40	55.12	55.66	58.28
2017 年 07 月	92.80	60.94	60.98	66.93	64.04	54.08	57.03	54.62	55.31	58.16
2017 年 06 月	92.80	61.38	60.93	66.80	64.12	54.93	56.56	54.59	55.73	58.65
2017 年 05 月	91.92	60.51	60.86	67.79	64.35	55.07	56.45	54.27	55.74	58.48
2017 年 04 月	93.20	60.58	61.23	69.53	64.60	55.17	56.75	54.68	55.63	57.33
2017 年 03 月	94.68	62.05	61.79	70.22	65.13	55.26	56.67	54.40	55.53	56.98
2017 年 02 月	96.40	64.57	62.67	71.69	65.39	55.86	57.26	54.25	56.18	56.56

（续）

时间	海南	重庆	四川	贵州	云南	陕西	甘肃	青海	宁夏	新疆
2017 年 01 月	93.38	64.38	62.41	70.28	64.35	56.35	58.44	53.53	56.04	53.41
2016 年 12 月	94.20	64.77	62.54	68.93	64.61	55.85	57.13	53.93	55.84	54.90
2016 年 11 月	92.96	64.09	62.24	68.23	64.65	55.32	57.11	53.69	55.45	54.32
2016 年 10 月	91.98	63.61	61.78	67.69	64.30	55.17	56.78	53.16	54.48	53.98
2016 年 09 月	90.73	62.29	61.45	67.77	64.12	55.09	57.08	53.91	54.91	53.45
2016 年 08 月	90.28	60.00	60.74	68.07	64.01	54.72	57.14	54.37	55.23	53.38
2016 年 07 月	91.35	61.13	61.47	68.37	63.97	55.05	57.28	55.14	55.63	53.26
2016 年 06 月	92.64	61.29	61.40	68.33	63.47	55.94	57.66	55.47	55.79	53.86
2016 年 05 月	93.00	61.25	61.35	68.45	63.45	56.31	57.52	55.34	55.91	54.01
2016 年 04 月	93.85	62.05	61.68	69.06	63.36	56.25	57.28	54.99	56.19	54.44
2016 年 03 月	94.52	63.10	62.05	70.10	63.55	56.44	57.29	54.67	56.70	54.67
2016 年 02 月	96.65	65.08	62.93	70.89	64.42	57.50	58.34	54.75	57.17	54.46
2016 年 01 月	88.10	64.22	62.15	67.50	62.49	57.30	57.88	56.60	57.67	59.28

数据来源：中国畜牧业信息网。

二、数据来源与说明

本章研究采用 2000—2018 年全国 30 个省（自治区、直辖市）去骨牛肉集贸市场价格年度数据、2016—2018 年全国 30 个省（自治区、直辖市）去骨牛肉集贸市场价格月度数据，来进行牛肉价格在区域间的变动特征分析、同步性分析及全国的传导路径分析。所用数据均来自中国畜牧业信息网、中国国家统计局网站等，原始数据见表 4 - 1 和表 4 - 2。其中，在对牛肉价格进行区域波动特征描述性分析时，所用数据均剔除了通货膨胀的影响；在对牛肉价格进行地域波动的同步性分析时，根据研究方法的要求，均采用原始数据。

第三节　牛肉价格区域波动分析方法选择

我国牛肉价格的波动不仅表现在不同时间上牛肉价格的变动，在横向上，牛肉价格还在不同的地区表现出不同的价格水平，不同地区之间价格变化也会影响其他区域牛肉价格的波动。不同地区之间的这种牛肉价格的波动通过一定的传导路径，在一定区域层级上聚集，通过传导路径将牛肉价格波动传导更高的层级，最终可能引起全国的牛肉价格的波动。这种逐层递进的牛肉价格波动与传导，如果是微弱的，可以被认为是正常的价格波动，而如果这种牛肉价格的波动程度较剧烈，且波及面较广，引起全国的波动时，则应是受到关注。本文采用岳冬冬（2011）提出的同步系数方法来测算全国各地区之间牛肉价格波动的同步性，以期反映我国牛肉价格在区域间的波动与传导。同步系数和相关系数法、一致性指数法相比具有两个特点：一是该方法对数据序列是否包含趋势，以及是否单整等特征没有要求，可以直接对原始数据进行同步性测定，使用中不存在波动信息遗漏；二是该方法计算原理是以数列相邻数据之间的变化规律为基础，完全反映了数据序列之间同步变动的规律特征，计算过程简单。正是因为同步系数的简便性，本章采用了同步系数来测算牛肉价格在不同地域之间波动的同步性及价格的传导。

一、同步系数定义

同步系数是测定两组数据序列之间对应的相邻数据变化方向一致性的问题。如果一组数据序列的某一个相邻数据的变动方向为上升（下降），而另一组数据序列对应的相邻数据的变动方向也为上升（下降），则两组数据序列为同步。相反，如果一组数据序列的某一个相邻数据的变动方向为上升（下降），而另一组数据序列对应的相邻数据的变动方向为下降（上升），则两组数据序列变动不同步。

二、同步系数的计算

根据岳冬冬（2011）的研究，可以通过同步系数的大小来刻画两组数据序列之间同步性的大小。同步系数的计算公式为：

$$rr = \frac{M}{n-1}$$

其中，rr 表示两组数据数列 X、Y 的同步系数，n 表示数据序列样本 X、

Y 的长度，$n-1$ 表示进行变动方向比较的数据序列的总数量。

$$M = \sum_{r=1}^{n-1} m_r$$

m_r 表示两组数据数列 X、Y 相邻数据之间变化方向的一致性特征；M 表示两组数据同步程度之和。m_r 有两种取值：当 $m_r=1$ 时，即数据序列的某一个相邻数据的变动方向为上升（下降），而另一组数据序列对应的相邻数据的变动方向也为上升（下降），数据序列变动同方向；当 $m_r=0$ 时，即如果一组数据序列的某一个相邻数据的变动方向为上升（下降），而另一组数据序列对应的相邻数据的变动方向为下降（上升），数据序列变动不同步。

由于 m_r 取值为 0 或 1，因此 M 的取值范围就在 $0\sim(n-1)$ 之间，据此可以判定出 rr 的取值范围也是在 $0\sim1$ 之间。rr 越趋近于 1，则说明两组数据序列同步性越强，当 $rr=1$ 时，说明两组数据序列对应的相邻数据的变动方向完全一致。rr 越趋近于 0，则说明两组数据序列的同步性越差，当 $rr=0$ 时，说明两组数据序列对应的相邻数据的变动方向完全不一致，没有任何的同步性。

第四节　牛肉价格地区差异统计性分析

一、牛肉价格波动地区差异年度分析

（一）各省份之间年度牛肉价格波动差异

利用表 4-1 中数据，通过计算自 2000 年至 2018 年各年度各省份牛肉价格变动的平均值、极大值、极小值、标准差、方差等来纵向考察每一年各省之间牛肉价格的变动规律与趋势，计算结果见表 4-3。

从表 4-3 来看，在考察的 2000—2018 年，2017 年我国各省份牛肉价格之间的差异最大，即牛肉价格在各省份之间波动的幅度最大，为 41.05 元/千克，2000 年，我国各省份牛肉价格之间差异最小，为 5.99 元/千克，这一年牛肉价格在各省份之间波动较小，说明各省之间牛肉价格波动的幅度较少。我国各省份之间牛肉价格差值的平均值为 18.32，说明在考察的各年度段中，每一年各省之间的牛肉价格差异幅度较大，地区之间的牛肉价格变动较大，反映出我国牛肉价格在地区之间的差异较大。

利用各省份之间的牛肉价格差值，可以做出图4-1，从图4-1可以看出，我国各省份牛肉价格差异值的变动表现为明显的趋势性。在2000—2018年，牛肉价格差值呈逐步增大的趋势，在此趋势下小幅度波动，特别是2012年以后，差值明显增大，说明各地区之间牛肉价格的差异值在周期内的变动表现出较强的不稳定性，地区之间牛肉价格的差异值的变动起伏较大。

表4-3　分年度各省份之间去骨牛肉集市价格数据

年份	极小值（元/千克）	极大值（元/千克）	平均值（元/千克）	极大值与极小值的差（元/千克）	极大值与极小值的比	标准差	方差
2018	56.48	93.82	65.92	37.35	1.66	8.52	72.57
2017	52.14	93.19	63.43	41.05	1.79	9.47	89.77
2016	51.66	92.52	63.48	40.87	1.79	9.91	98.28
2015	52.69	88.84	63.72	36.16	1.69	9.26	85.69
2014	53.35	86.29	63.86	32.93	1.62	8.22	67.51
2013	49.91	76.59	59.34	26.68	1.53	6.05	36.63
2012	39.01	59.31	45.62	20.30	1.52	5.05	25.46
2011	33.11	44.93	37.47	11.82	1.36	3.50	12.23
2010	30.01	41.40	34.11	11.39	1.38	3.50	12.26
2009	28.52	40.97	33.24	12.44	1.44	3.82	14.57
2008	28.35	39.89	32.16	11.55	1.41	3.30	10.91
2007	19.60	27.87	22.47	8.27	1.42	2.23	4.96
2006	15.15	25.71	18.75	10.55	1.70	3.06	9.37
2005	15.03	24.76	17.88	9.74	1.65	2.78	7.74
2004	14.35	21.89	16.81	7.54	1.53	2.11	4.43
2003	13.72	21.50	15.61	7.78	1.57	1.87	3.50
2002	12.32	20.27	14.44	7.95	1.65	1.65	2.74
2001	10.82	18.51	13.36	7.69	1.71	1.66	2.76
2000	10.58	16.57	12.78	5.99	1.57	1.58	2.50

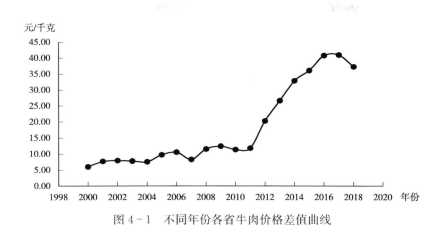

图 4 - 1 不同年份各省牛肉价格差值曲线

(二) 各省份年度牛肉价格波动分析

利用表 4 - 1 中数据，通过计算各省份自 2000 年至 2018 年各年度牛肉价格变动的平均值、极大值、极小值、标准差、方差等来考察各省份内部牛肉价格在此时间段的变动规律与趋势，计算结果见表 4 - 4。

表 4 - 4 各省份去骨牛肉价格年度数据

地区	极小值 （元/千克）	极大值 （元/千克）	平均值 （元/千克）	极大值与 极小值的差 （元/千克）	极大值与 极小值的比	标准差	方差
全国	12.88	65.17	36.24	52.29	5.06	20.42	416.89
北京	13.07	58.05	32.80	44.98	4.44	17.48	305.56
天津	12.04	61.16	33.48	49.11	5.08	18.83	354.41
河北	12.25	56.48	31.76	44.23	4.61	17.18	295.23
山西	13.71	57.29	32.14	43.59	4.18	16.64	276.95
内蒙古	12.09	58.43	32.41	46.34	4.83	17.98	323.14
辽宁	13.06	60.75	34.16	47.69	4.65	18.87	356.19
吉林	12.60	60.12	34.17	47.52	4.77	18.90	357.07
黑龙江	10.59	59.09	33.11	48.50	5.58	18.87	356.03
上海	16.25	75.36	43.09	59.11	4.64	23.01	529.41
江苏	12.93	68.24	36.76	55.32	5.28	20.59	424.07
浙江	15.60	77.63	43.61	62.02	4.98	23.68	560.98
安徽	11.82	64.70	35.87	52.87	5.47	20.53	421.50
福建	15.16	78.14	44.02	62.98	5.16	24.39	594.92

（续）

地区	极小值（元/千克）	极大值（元/千克）	平均值（元/千克）	极大值与极小值的差（元/千克）	极大值与极小值的比	标准差	方差
江西	12.69	78.29	42.03	65.60	6.17	25.96	674.07
山东	11.91	62.01	33.92	50.10	5.21	19.31	372.83
河南	12.06	58.51	33.46	46.44	4.85	18.33	336.13
湖北	11.52	66.88	36.60	55.35	5.80	21.97	482.79
湖南	12.40	76.33	40.86	63.93	6.16	24.85	617.69
广东	16.57	77.20	43.99	60.63	4.66	23.99	575.37
广西	11.44	72.30	39.11	60.86	6.32	24.01	576.58
海南	14.10	93.82	47.52	79.72	6.65	31.04	963.77
重庆	10.81	65.68	35.43	54.87	6.08	20.56	422.65
四川	10.65	64.11	34.20	53.46	6.02	20.53	421.60
贵州	10.58	68.96	37.30	58.38	6.52	22.98	527.97
云南	13.86	65.48	36.30	51.62	4.72	20.24	409.75
陕西	12.29	59.59	33.48	47.30	4.85	17.93	321.42
甘肃	12.48	60.07	33.59	47.59	4.81	18.70	349.86
青海	11.47	58.64	33.14	47.17	5.11	18.37	337.44
宁夏	12.90	58.28	33.86	45.37	4.52	18.25	333.12
新疆	13.27	62.77	34.65	49.50	4.73	18.78	352.85

通过计算各省份在2000—2018年各年度牛肉价格相关指标，可以观察出牛肉价格在各省份变动的基本情况。在此期间价格波动幅度平均水平最高的五个省份分别是：海南（47.52）、福建（44.02）、广东（43.99）、浙江（43.61）、上海（43.09）；价格波动幅度平均值最低的五个省份分别是：河北（31.76）、山西（32.14）、内蒙古（32.41）、北京（32.80）、黑龙江（33.11）。

牛肉价格指数波动最大的五个省份分别是：海南（标准差31.04）、江西（标准差25.96）、湖南（标准差24.85）、福建（标准差24.39）、广西（标准差24.01）；价格指数波动最小的五个省份分别是：山西（标准差16.64）、河北（标准差17.18）、北京（标准差17.48）、陕西（标准差17.93）、内蒙古（标准差17.98）。

按地理区域分析，牛肉价格上涨比较高的省份主要集中在我国的华东、中南地区。但通过前面的分析我们可以得知，华东和中南地区共有13个省（自治区、直辖市），其中只有2个省份为我国牛肉产量位居全国前十的省份，因此从年度数据来看，长期内，我国牛肉主要销售区域价格上涨幅度高于牛肉主要产区的价格上涨幅度。

二、牛肉价格波动地区差异月度分析

（一）各省份之间月度牛肉价格波动差异

根据表4-2中数据，通过计算自2016年1月至2018年12月各月份全国牛肉价格变动的平均值、极大值、极小值、标准差、方差等来纵向考察不同月份全国牛肉价格的变动规律与趋势，计算的结果见表4-5。

表4-5 分月度全国去骨牛肉价格数据

时间	极小值（元/千克）	极大值（元/千克）	平均值（元/千克）	极大值与极小值的差（元/千克）	极大值与极小值的比	标准差	方差
2018年12月	58.54	99.4	69.00	40.86	1.70	8.98	80.57
2018年11月	57.6	95.21	67.79	37.61	1.65	8.57	73.38
2018年10月	57.04	94.42	66.91	37.38	1.66	8.65	74.76
2018年09月	56.37	94.13	66.15	37.76	1.67	8.56	73.36
2018年08月	55.86	93.01	65.14	37.15	1.67	8.45	71.36
2018年07月	55.7	93.3	64.76	37.6	1.68	8.56	73.26
2018年06月	55.32	91.11	64.55	35.79	1.65	8.35	69.68
2018年05月	55.48	91	64.57	35.52	1.64	8.36	69.96
2018年04月	55.71	92.67	64.85	36.96	1.66	8.52	72.61
2018年03月	55.92	93.65	65.45	37.73	1.67	8.86	78.47
2018年02月	56.92	94.5	66.75	37.58	1.66	9.32	86.87
2018年01月	55.88	93.48	65.43	37.6	1.67	9.20	84.68
2017年12月	54.74	92.5	64.79	37.76	1.69	9.28	86.13
2017年11月	54.14	92.4	64.10	38.26	1.71	9.29	86.24
2017年10月	53.22	91.8	63.69	38.58	1.72	9.24	85.35
2017年09月	52.36	93	63.29	40.64	1.78	9.36	87.68
2017年08月	51.78	93.36	62.71	41.58	1.80	9.38	88.08
2017年07月	51.14	92.8	62.56	41.66	1.81	9.33	86.98
2017年06月	50.86	92.8	62.61	41.94	1.82	9.44	89.09
2017年05月	51.07	91.92	62.69	40.85	1.80	9.49	90.05
2017年04月	51.55	93.2	63.06	41.65	1.81	9.91	98.27

（续）

时间	极小值 （元/千克）	极大值 （元/千克）	平均值 （元/千克）	极大值与 极小值的差 （元/千克）	极大值与 极小值的比	标准差	方差
2017 年 03 月	51.75	94.68	63.40	42.93	1.83	10.27	105.54
2017 年 02 月	51.71	96.4	64.42	44.69	1.86	10.91	119.06
2017 年 01 月	51.31	93.38	64.05	42.07	1.82	10.16	103.28
2016 年 12 月	51.4	94.2	63.67	42.8	1.83	10.31	106.37
2016 年 11 月	51.04	92.96	63.27	41.92	1.82	10.23	104.57
2016 年 10 月	51.15	91.98	62.86	40.83	1.80	10.15	103.05
2016 年 09 月	51.34	90.73	62.87	39.39	1.77	9.85	96.98
2016 年 08 月	50.98	90.28	62.62	39.3	1.77	9.84	96.80
2016 年 07 月	50.88	91.35	62.79	40.47	1.80	9.99	99.81
2016 年 06 月	50.98	92.64	63.11	41.66	1.82	10.12	102.38
2016 年 05 月	51.38	93	63.31	41.62	1.81	10.15	102.94
2016 年 04 月	51.5	93.85	63.63	42.35	1.82	10.30	106.16
2016 年 03 月	51.78	94.52	64.07	42.74	1.83	10.50	110.29
2016 年 02 月	52.51	96.65	65.13	44.14	1.84	10.85	117.73
2016 年 01 月	52.82	88.1	64.46	35.28	1.67	9.05	81.83

从月度数据来看，2016 年到 2018 年各月份间，全国牛肉价格水平变动之间的差异变化表现出一定的季节性特征。在一年的时间内，全国牛肉价格上涨的差异在年初（第一季度）表现出下降的趋势，在年中，牛肉价格整体上涨差异表现出上下波动的态势，但在年末时（第四季度）牛肉价格上涨差异表现为变大的趋势。表现出明显的两头大、中间小的趋势，这主要受牛肉生产的季节性，以及年末我国传统节日的影响，使得牛肉价格上涨的差异表现出季节性。

（二）各省份月度牛肉价格波动分析

根据表 4-2 中数据，通过计算各省份自 2016 年 1 月至 2018 年 12 月牛肉价格变动的平均值、极大值、极小值、标准差、方差等来考察各省份牛肉价格在此时间段的变动规律与趋势，计算的结果见表 4-6。

表 4-6　各省份牛肉价格月度数据

地区	最小值（元/千克）	最大值（元/千克）	平均值（元/千克）	最大值与最小值的差（元/千克）	最大值与最小值的比	标准差	方差
北京	51.88	60.75	55.47	8.87	1.17	2.22	4.94
天津	52.95	64.6	57.96	11.65	1.22	2.75	7.58
河北	50.86	58.54	53.42	7.68	1.15	2.46	6.03
山西	51.89	61.39	54.59	9.50	1.18	2.26	5.12
内蒙古	53.62	61.58	56.12	7.96	1.15	1.94	3.76
辽宁	56.99	62.5	58.77	5.51	1.10	1.62	2.62
吉林	56.09	63.44	58.62	7.35	1.13	1.81	3.29
黑龙江	54.84	60.83	57.03	5.99	1.11	1.62	2.62
上海	67.75	77.34	73.35	9.59	1.14	2.58	6.64
江苏	60.51	74.48	64.39	13.97	1.23	3.39	11.51
浙江	72.34	79.99	75.71	7.65	1.11	2.30	5.31
安徽	61.58	68.32	63.58	6.74	1.11	1.64	2.70
福建	75.45	81.22	77.26	5.77	1.08	1.19	1.42
江西	73.92	82.01	76.98	8.09	1.11	1.68	2.83
山东	57.49	64.94	59.75	7.45	1.13	1.89	3.58
河南	55.14	60.67	56.80	5.53	1.10	1.48	2.19
湖北	61.37	70.62	65.14	9.25	1.15	2.35	5.53
湖南	73.21	79.26	75.86	6.05	1.08	1.58	2.51
广东	75.28	79.66	76.79	4.38	1.06	1.13	1.27
广西	69.87	74.25	71.64	4.38	1.06	1.17	1.36
海南	88.1	99.4	93.18	11.30	1.13	1.96	3.85
重庆	60	70.62	63.71	10.62	1.18	2.41	5.80
四川	60.74	68.25	62.55	7.51	1.12	1.53	2.35
贵州	66.63	71.69	68.64	5.06	1.08	1.29	1.65
云南	62.49	67.93	64.66	5.44	1.09	1.07	1.14
陕西	54.72	62.63	57.07	7.91	1.14	2.07	4.28
甘肃	56.45	62.44	58.30	5.99	1.11	1.48	2.19
青海	53.16	62.56	56.14	9.40	1.18	2.20	4.84
宁夏	54.48	60.84	56.82	6.36	1.12	1.46	2.13
新疆	53.26	64.81	58.47	11.55	1.22	3.78	14.28

通过计算各省份在 2016—2018 年各月份牛肉价格相关指标，可以观察出牛肉价格指数在各省份变动的基本情况。在此期间，价格波动幅度平均水平最高的五个省份分别是：海南（93.18）、福建（77.26）、江西（76.98）、广东（76.79）、湖南（75.86）；平均值最低的五个省份分别是：河北（53.42）、山西（54.59）、北京（55.47）、内蒙古（56.12）、青海（56.14）。牛肉价格波动最大的五个省份分别是：新疆（标准差 3.78）、江苏（标准差 3.39）、天津（标准差 2.75）、上海（标准差 2.58）、河北（2.46）；价格指数波动最小的五个省份分别是：云南（标准差 1.07）、广东（标准差 1.13）、广西（标准差 1.17）、贵州（标准差 1.29）、宁夏（标准差 1.46）。

按地理区域分析，牛肉价格上涨比较高的省份主要集中在我国的华东、中南地区，牛肉价格上涨的平均水平一致，而这两个区域中集中了我国牛肉主要消费省份，因此从月度数据可以看出，短期内我国牛肉主要销售区域价格上涨幅度高于牛肉主要产区的价格上涨幅度。

第五节　牛肉价格波动区域间同步性测定

一、牛肉主产区与各省份价格波动同步性测算

本部分选取 2018 年我国牛肉产量最多的十个省份：山东、内蒙古、河北、黑龙江、新疆、吉林、云南、河南、四川、辽宁，以这几个省份为牛肉主产区，测算当牛肉主产区牛肉价格变动时，引起的其他省份的牛肉价格变动的同步性，分析牛肉产量大省牛肉价格的波动对其他地区的影响。

（一）山东省

以山东省为主产区，测算其他省份与山东省牛肉价格变动的同步性，计算结果见表 4 - 7。

表4-7　各省份与山东省牛肉价格波动同步系数

省份	同步系数	排序	省份	同步系数	排序	省份	同步系数	排序
内蒙古	0.771 4	1	陕西	0.685 7	11	福建	0.571 4	21
黑龙江	0.771 4	2	宁夏	0.685 7	12	江西	0.571 4	22
甘肃	0.771 4	3	河北	0.657 1	13	湖南	0.571 4	23
江苏	0.742 9	4	山东	0.657 1	14	重庆	0.571 4	24
河南	0.742 9	5	上海	0.628 6	15	海南	0.542 9	25
辽宁	0.714 3	6	贵州	0.628 6	16	天津	0.514 3	26
青海	0.714 3	7	浙江	0.600 0	17	四川	0.514 3	27
安徽	0.685 7	8	湖北	0.600 0	18	新疆	0.485 7	28
广西	0.685 7	9	广东	0.600 0	19	北京	0.428 6	29
云南	0.685 7	10	山西	0.571 4	20			

　　根据表4-7计算出来的同步系数，可以发现排在前十位（含并列）的省份分别是：内蒙古（0.771 4）、黑龙江（0.771 4）、甘肃（0.771 4）、江苏（0.742 9）、河南（0.742 9）、辽宁（0.714 3）、青海（0.714 3）、安徽（0.685 7）、广西（0.685 7）、云南（0.685 7）、陕西（0.685 7）、宁夏（0.685 7），其中内蒙古、黑龙江、甘肃牛肉价格与山东牛肉价格波动的同步性最高，即假定山东省牛肉价格波动的方向确定，则可以在77.14%的概率下确定出2016年1月至2018年12月内蒙古、黑龙江、甘肃牛肉价格波动的方向。通过数值反映出其他各省份牛肉价格与山东牛肉价格波动的同步性也较强。

（二）内蒙古自治区

　　以内蒙古自治区为主产区，测算其他省份与内蒙古牛肉价格变动的同步性，计算结果见表4-8。

　　根据表4-8计算出来的同步系数，可以发现排在前十位（含并列）的省份分别是：黑龙江（0.885 7）、河南（0.800 0）、吉林（0.771 4）、甘肃（0.771 4）、青海（0.771 4）、广西（0.742 9）、贵州（0.742 9）、陕西（0.742 9）、宁夏（0.742 9）、浙江（0.714 3）、山东（0.714 3）、湖北（0.714 3）。其中黑龙江的牛肉价格与内蒙古牛肉价格波动的同步性最高，即假定内蒙古牛肉价格波动的方向确定以后，则可以在88.57%的概率下确定

2016 年 1 月至 2018 年 12 月黑龙江牛肉价格波动的方向。同步系数靠前的省份中，黑龙江、吉林、甘肃、青海、陕西、宁夏均与内蒙古接壤，由此可以看出内蒙古牛肉价格发生波动后，对其周边省份的影响最为强烈，周边省份牛肉价格会以较高的概率也发生牛肉价格波动，同步性较强。

表 4-8　各省份与内蒙古自治区牛肉价格波动同步系数

省份	同步系数	排序	省份	同步系数	排序	省份	同步系数	排序
黑龙江	0.885 7	1	山东	0.714 3	11	海南	0.657 1	21
河南	0.800 0	2	湖北	0.714 3	12	天津	0.628 6	22
吉林	0.771 4	3	山西	0.685 7	13	重庆	0.628 6	23
甘肃	0.771 4	4	上海	0.685 7	14	四川	0.628 6	24
青海	0.771 4	5	江苏	0.685 7	15	云南	0.628 6	25
广西	0.742 9	6	安徽	0.685 7	16	辽宁	0.600 0	26
贵州	0.742 9	7	江西	0.685 7	17	福建	0.571 4	27
陕西	0.742 9	8	湖南	0.685 7	18	北京	0.485 7	28
宁夏	0.742 9	9	河北	0.657 1	19	新疆	0.485 7	29
浙江	0.714 3	10	广东	0.657 1	20			

（三）河北省

以河北省为主产区，测算其他各省份与河北省牛肉价格变动的同步性，计算结果见表 4-9。根据表 4-9 计算出来的同步系数，可以发现排在前十位（含并列）的省份分别是：安徽（0.800 0）、河南（0.800 0）、广西（0.800 0）、湖北（0.771 4）、江苏（0.742 9）、湖南（0.742 9）、重庆（0.742 9）、贵州（0.742 9）、宁夏（0.742 9）、山东（0.714 3）、广东（0.714 3）、新疆（0.714 3）。其中，安徽、河南、广西的牛肉价格与河北牛肉价格波动的同步性最高，即假定河北牛肉价格波动的方向确定，则可以在 80.00% 的概率下去确定 2016 年 1 月至 2018 年 12 月安徽、河南、广西牛肉价格波动的方向。同步系数排序靠前的省份中，都是牛肉消费大省，且多数都与河北省相隔不远，由此可以看出河北牛肉价格发生波动后，周边省份牛肉价格会以较高的概率也发生牛肉价格的波动，消费大省及周边各省份与河北省牛肉价格波动的同步性较强。

表 4 - 9　各省份与河北省牛肉价格波动同步系数

省份	同步系数	排序	省份	同步系数	排序	省份	同步系数	排序
安徽	0.800 0	1	广东	0.714 3	11	黑龙江	0.657 1	21
河南	0.800 0	2	新疆	0.714 3	12	浙江	0.657 1	22
广西	0.800 0	3	天津	0.685 7	13	海南	0.657 1	23
湖北	0.771 4	4	山西	0.685 7	14	青海	0.657 1	24
江苏	0.742 9	5	福建	0.685 7	15	上海	0.628 6	25
湖南	0.742 9	6	江西	0.685 7	16	陕西	0.628 6	26
重庆	0.742 9	7	四川	0.685 7	17	辽宁	0.600 0	27
贵州	0.742 9	8	云南	0.685 7	18	甘肃	0.600 0	28
宁夏	0.742 9	9	内蒙古	0.657 1	19	北京	0.485 7	29
山东	0.714 3	10	吉林	0.657 1	20			

（四）黑龙江省

以黑龙江省为主产区，测算其他各省份与黑龙江省牛肉价格变动的同步性，计算结果见表 4 - 10。

表 4 - 10　各省份与黑龙江省牛肉价格波动同步系数

省份	同步系数	排序	省份	同步系数	排序	省份	同步系数	排序
内蒙古	0.885 7	1	陕西	0.742 9	11	重庆	0.628 6	21
甘肃	0.828 6	2	浙江	0.714 3	12	四川	0.628 6	22
河南	0.800 0	3	湖北	0.714 3	13	云南	0.628 6	23
宁夏	0.800 0	4	青海	0.714 3	14	辽宁	0.600 0	24
吉林	0.771 4	5	天津	0.685 7	15	广东	0.600 0	25
山东	0.771 4	6	上海	0.685 7	16	海南	0.600 0	26
江苏	0.742 9	7	河北	0.657 1	17	福建	0.571 4	27
安徽	0.742 9	8	山西	0.628 6	18	新疆	0.542 9	28
广西	0.742 9	9	江西	0.628 6	19	北京	0.485 7	29
贵州	0.742 9	10	湖南	0.628 6	20			

根据表 4 - 10 计算出来的同步系数，可以发现排在前十位（含并列）的省份分别是：内蒙古（0.885 7）、甘肃（0.828 6）、河南（0.800 0）、宁夏

（0.800 0）、吉林（0.771 4）、山东（0.771 4）、江苏（0.742 9）、安徽
（0.742 9）、广西（0.742 9）、贵州（0.742 9）、陕西（0.742 9）。其中，内蒙
古的牛肉价格与黑龙江牛肉价格波动的同步性最高，即假定黑龙江牛肉价格
波动的方向确定以后，则可以在 88.57% 的概率下去确定 2016 年 1 月至 2018
年 12 月内蒙古牛肉价格波动的方向。同步系数排序靠前的省份中，内蒙古、
吉林省与黑龙江接壤，甘肃、河南、宁夏、山东、陕西等其他省份也与黑龙
江距离较近，由此可以看出黑龙江牛肉价格发生波动后，对其周边省份的影
响最为强烈，周边省份牛肉价格也会以较高的概率发生牛肉价格的波动，周
边各省份与黑龙江牛肉价格波动的同步性较强。

（五）新疆维吾尔自治区

以新疆维吾尔自治区为主产区，测算其他各省份与新疆牛肉价格变动的
同步性，计算结果见表 4 - 11。

表 4 - 11　各省份与新疆维吾尔自治区牛肉价格波动同步系数

省份	同步系数	排序	省份	同步系数	排序	省份	同步系数	排序
重庆	0.742 9	1	辽宁	0.657 1	11	上海	0.571 4	21
宁夏	0.742 9	2	山东	0.657 1	12	江苏	0.571 4	22
河北	0.714 3	3	广东	0.657 1	13	江西	0.571 4	23
湖北	0.714 3	4	海南	0.657 1	14	河南	0.571 4	24
天津	0.685 7	5	广西	0.628 6	15	陕西	0.571 4	25
山西	0.685 7	6	四川	0.628 6	16	黑龙江	0.542 9	26
安徽	0.685 7	7	贵州	0.628 6	17	甘肃	0.542 9	27
福建	0.685 7	8	云南	0.628 6	18	内蒙古	0.485 7	28
湖南	0.685 7	9	浙江	0.600 0	19	吉林	0.485 7	29
北京	0.657 1	10	青海	0.600 0	20			

根据表 4 - 11 计算出来的同步系数，可以发现排在前十位（含并列）的
省份分别是：重庆（0.742 9）、宁夏（0.742 9）、河北（0.714 3）、湖北
（0.714 3）、天津（0.685 7）、山西（0.685 7）、安徽（0.685 7）、福建
（0.685 7）、湖南（0.685 7）、北京（0.657 1）、辽宁（0.657 1）、山东
（0.657 1）、广东（0.657 1）、海南（0.657 1）。其中，重庆、宁夏的牛肉价
格与新疆牛肉价格波动的同步性最高，即假定新疆牛肉价格波动的方向确定，

则可以在 74.29% 的概率下确定出 2016 年 1 月至 2018 年 12 月重庆和宁夏牛肉价格波动的方向。同步系数排序靠前的省份中，都是牛肉消费大省，且多数与新疆相隔不远，由此可以看出新疆价格发生波动后，周边省份牛肉价格会以较高的概率也发生牛肉价格的波动，消费大省及周边各省份与新疆牛肉价格波动的同步性较强。

（六）吉林省

以吉林省为主产区，测算其他各省份与吉林省牛肉价格变动的同步性。根据表 4-12 计算出来的同步系数，可以发现排在前十位（含并列）的省份分别是：内蒙古（0.771 4）、黑龙江（0.771 4）、甘肃（0.771 4）、江苏（0.742 9）、河南（0.742 9）、辽宁（0.714 3）、青海（0.714 3）、安徽（0.685 7）、广西（0.685 7）、云南（0.685 7）、陕西（0.685 7）、宁夏（0.685 7）。内蒙古、黑龙江、甘肃的牛肉价格与吉林省牛肉价格波动的同步性最高，即假定吉林省牛肉价格波动的方向确定，则可以在 77.14% 的概率下确定出 2016 年 1 月至 2018 年 12 月内蒙古、黑龙江、甘肃牛肉价格波动的方向。同步系数排序靠前的省份中，内蒙古、黑龙江、辽宁均与吉林省接壤，其他省份也都是牛肉消费大省，且多数与吉林省相隔不远，由此可以看出吉林省牛肉价格发生波动后，周边省份牛肉价格会以较高的概率也发生牛肉价格的波动，消费大省及周边各省份与吉林省价格波动的同步性较强。

表 4-12　各省份与吉林省牛肉价格波动同步系数

省份	同步系数	排序	省份	同步系数	排序	省份	同步系数	排序
内蒙古	0.771 4	1	陕西	0.685 7	11	福建	0.571 4	21
黑龙江	0.771 4	2	宁夏	0.685 7	12	江西	0.571 4	22
甘肃	0.771 4	3	河北	0.657 1	13	湖南	0.571 4	23
江苏	0.742 9	4	山东	0.657 1	14	重庆	0.571 4	24
河南	0.742 9	5	上海	0.628 6	15	海南	0.542 9	25
辽宁	0.714 3	6	贵州	0.628 6	16	天津	0.514 3	26
青海	0.714 3	7	浙江	0.600 0	17	四川	0.514 3	27
安徽	0.685 7	8	湖北	0.600 0	18	新疆	0.485 7	28
广西	0.685 7	9	广东	0.600 0	19	北京	0.428 6	29
云南	0.685 7	10	山西	0.571 4	20			

（七）云南省

以云南省为主产区，测算其他各省份与云南省牛肉价格变动的同步性，计算结果见表 4-13。

表 4-13　各省份与云南省牛肉价格波动同步系数

省份	同步系数	排序	省份	同步系数	排序	省份	同步系数	排序
广东	0.857 1	1	湖北	0.742 9	11	河南	0.657 1	21
重庆	0.828 6	2	海南	0.742 9	12	宁夏	0.657 1	22
山西	0.771 4	3	江苏	0.714 3	13	内蒙古	0.628 6	23
上海	0.771 4	4	福建	0.714 3	14	辽宁	0.628 6	24
安徽	0.771 4	5	江西	0.714 3	15	黑龙江	0.628 6	25
湖南	0.771 4	6	贵州	0.714 3	16	新疆	0.628 6	26
广西	0.771 4	7	河北	0.685 7	17	北京	0.571 4	27
四川	0.771 4	8	吉林	0.685 7	18	青海	0.571 4	28
陕西	0.771 4	9	浙江	0.685 7	19	天津	0.485 7	29
山东	0.742 9	10	甘肃	0.685 7	20			

根据表 4-13 计算出来的同步系数，可以发现排在前十位（含并列）的省份分别是：广东（0.857 1）、重庆（0.828 6）、山西（0.771 4）、上海（0.771 4）、安徽（0.771 4）、湖南（0.771 4）、广西（0.771 4）、四川（0.771 4）、陕西（0.771 4）、山东（0.742 9）、湖北（0.742 9）、海南（0.742 9）。其中，广东的牛肉价格与云南牛肉价格波动的同步性最高，即假定云南牛肉价格波动的方向确定，则可以在 85.71% 的概率下确定出 2016 年 1 月至 2018 年 12 月广东牛肉价格波动的方向。同步系数排序靠前的省份中，广东、重庆、安徽、湖南、广西都与云南接壤或距离较近，由此可以看出云南牛肉价格发生波动后，对其周边省份的影响最为强烈，周边省份牛肉价格会以较高的概率也发生牛肉价格的波动，周边各省份与云南牛肉价格波动的同步性较强。

（八）河南省

以河南省为主产区，测算其他各省份与河南省牛肉价格变动的同步性，计算结果见表 4-14。

表 4-14　各省份与河南省牛肉价格波动同步系数

省份	同步系数	排序	省份	同步系数	排序	省份	同步系数	排序
广西	0.885 7	1	贵州	0.771 4	11	天津	0.657 1	21
湖北	0.857 1	2	陕西	0.771 4	12	福建	0.657 1	22
江苏	0.828 6	3	宁夏	0.771 4	13	四川	0.657 1	23
河北	0.800 0	4	吉林	0.742 9	14	云南	0.657 1	24
内蒙古	0.800 0	5	海南	0.742 9	15	辽宁	0.628 6	25
黑龙江	0.800 0	6	甘肃	0.742 9	16	上海	0.600 0	26
浙江	0.800 0	7	山西	0.714 3	17	青海	0.571 4	27
安徽	0.771 4	8	重庆	0.714 3	18	新疆	0.571 4	28
江西	0.771 4	9	山东	0.685 7	19	北京	0.457 1	29
湖南	0.771 4	10	广东	0.685 7	20			

根据表 4-14 计算出来的同步系数，可以发现排在前十位（含并列）的省份分别是：广西（0.885 7）、湖北（0.857 1）、江苏（0.828 6）、河北（0.800 0）、内蒙古（0.800 0）、黑龙江（0.800 0）、浙江（0.800 0）、安徽（0.771 4）、江西（0.771 4）、湖南（0.771 4）、贵州（0.771 4）、陕西（0.771 4）、宁夏（0.771 4）。其中，广西的牛肉价格与河南牛肉价格波动的同步性最高，即假定河南牛肉价格波动的方向确定，则可以在 88.57% 的概率下确定出 2016 年 1 月至 2018 年 12 月广西牛肉价格波动的方向。同步系数排序靠前的省份中，都是牛肉消费大省，且多数与河南相隔不远，由此可以看出河南牛肉价格发生波动后，周边省份牛肉价格会以较高的概率也发生牛肉价格的波动，消费大省及周边各省份与河南牛肉价格波动的同步性较强。

（九）四川省

以四川省为主产区，测算其他各省份与四川省牛肉价格变动的同步性。根据表 4-15 计算出来的同步性系数，可以发现排在前十位（含并列）的省份分别是：山西（0.885 7）、重庆（0.885 7）、广东（0.857 1）、安徽（0.828 6）、江西（0.771 4）、湖南（0.771 4）、贵州（0.771 4）、云南（0.771 4）、山东（0.742 9）、湖北（0.742 9）、海南（0.742 9）。其中，山西、重庆的牛肉价格与四川牛肉价格波动的同步性最高，即假定四川牛肉价格波动的方向确定，则可以在 88.57% 的概率下确定出 2016 年 1 月至 2018 年 12 月山西、重庆牛肉价格波动的方向。同步系数排序靠前的省份中，云南、贵州、重庆均与四川接壤，其他省份也都是牛肉消费大省，且多数与四川相隔较近，由此可以看出四川牛肉价格发生波动后，周边省份牛肉价格会以较高的概率也发生牛肉价格的波动，消费大省及周边各省份与四川牛肉价格波动的同步性较强。

表 4-15　各省份与四川省牛肉价格波动同步系数

省份	同步系数	排序	省份	同步系数	排序	省份	同步系数	排序
山西	0.885 7	1	海南	0.742 9	11	陕西	0.657 1	21
重庆	0.885 7	2	上海	0.714 3	12	宁夏	0.657 1	22
广东	0.857 1	3	福建	0.714 3	13	北京	0.628 6	23
安徽	0.828 6	4	广西	0.714 3	14	内蒙古	0.628 6	24
江西	0.771 4	5	河北	0.685 7	15	黑龙江	0.628 6	25
湖南	0.771 4	6	浙江	0.685 7	16	新疆	0.628 6	26
贵州	0.771 4	7	甘肃	0.685 7	17	天津	0.600 0	27
云南	0.771 4	8	青海	0.685 7	18	辽宁	0.571 4	28
山东	0.742 9	9	江苏	0.657 1	19	吉林	0.514 3	29
湖北	0.742 9	10	河南	0.657 1	20			

（十）辽宁省

以辽宁省为主产区，测算其他各省份与辽宁省牛肉价格变动的同步性，计算结果见表 4-16。

表 4-16　各省份与辽宁省牛肉价格波动同步系数

省份	同步系数	排序	省份	同步系数	排序	省份	同步系数	排序
福建	0.742 9	1	山东	0.657 1	11	内蒙古	0.600 0	21
宁夏	0.742 9	2	湖北	0.657 1	12	黑龙江	0.600 0	22
吉林	0.714 3	3	新疆	0.657 1	13	甘肃	0.600 0	23
广东	0.714 3	4	天津	0.628 6	14	青海	0.600 0	24
山西	0.685 7	5	安徽	0.628 6	15	四川	0.571 4	25
江苏	0.685 7	6	河南	0.628 6	16	贵州	0.571 4	26
江西	0.685 7	7	广西	0.628 6	17	北京	0.542 9	27
湖南	0.685 7	8	重庆	0.628 6	18	上海	0.514 3	28
陕西	0.685 7	9	云南	0.628 6	19	海南	0.485 7	29
浙江	0.657 1	10	河北	0.600 0	20			

根据表4-16计算出来的同步系数，可以发现排在前十位（含并列）的省份分别是：福建（0.742 9）、宁夏（0.742 9）、吉林（0.714 3）、广东（0.714 3）、山西（0.685 7）、江苏（0.685 7）、江西（0.685 7）、湖南（0.685 7）、陕西（0.685 7）、浙江（0.657 1）、山东（0.657 1）、湖北（0.657 1）、新疆（0.657 1）。其中，福建、宁夏的牛肉价格与辽宁牛肉价格波动的同步性最高，即假定辽宁牛肉价格波动的方向确定，则可以在74.29%的概率下确定2016年1月至2018年12月福建、宁夏牛肉价格波动的方向。同步系数排序靠前的省份中，都是牛肉消费大省，由此可以看出辽宁省价格发生波动后，消费大省牛肉价格会以较高的概率也发生波动，消费大省及周边各省份与辽宁牛肉价格波动的同步性较强。

二、各省份与各地区牛肉价格波动同步性测算

本部分按照经济地理划分标准对我国六大区域内部各省份与区域的牛肉价格波动的同步性进行测定，测定结果如下。

（一）华北地区

通过对我国华北地区各省份与华北地区区域整体的牛肉价格的同步性测定结果（表4-17）分析发现：华北地区四个省份的同步系数按照由大到小排列分别是：天津0.857 1、河北0.771 4、山西0.742 9、北京0.600 0。天津的同步系数最大，与整个区域牛肉价格的波动方向基本一致，说明在天津牛肉价格的波动方向确定以后，则可以在85.71%的概率下反映2016—2018年整个华北地区牛肉价格波动的方向。北京的同步系数在区域内最低，华北地区四个省份的同步系数的平均值为0.742 9。

表4-17　华北地区各省份同步系数

省份	北京	天津	河北	山西
同步系数	0.600 0	0.857 1	0.771 4	0.742 9

（二）东北地区

通过对我国东北地区各省份与东北地区区域整体的牛肉价格的同步性测

定结果（表 4－18）的分析，可以发现：东北地区四个省份，同步系数按照由大到小排列分别是：黑龙江 0.857 1，吉林和内蒙古 0.800 0，辽宁 0.742 9。黑龙江的同步系数最大，与整个区域牛肉价格的波动方向高度一致，说明在黑龙江牛肉价格的波动方向确定以后，则可以在 85.71% 的概率下反映2016—2018 年整个东北地区牛肉价格波动的方向。东北地区四个省份同步系数的平均值为 0.800 0。

表 4－18　东北地区各省份同步系数

省份	辽宁	吉林	黑龙江	内蒙古
同步系数	0.742 9	0.800 0	0.857 1	0.800 0

（三）华东地区

通过对我国华东地区各省与华东地区区域整体的牛肉价格的同步性测定结果（表 4－19）的分析，可以发现：华东地区七个省（直辖市）的同步系数按照由大到小排列分别是：江西 0.857 1、浙江 0.828 6、江苏 0.800 0、安徽 0.800 0、山东 0.771 4、福建 0.742 9、上海 0.742 9。其中江西的同步系数最大，与整个区域牛肉价格的波动方向高度一致，说明在江西牛肉价格的波动方向确定以后，则可以在 85.71% 的概率下反映 2016—2018 年整个华东地区牛肉价格波动的方向。福建与上海的同步系数最低为 0.742 9，华东地区七个省份同步系数的平均值为 0.791 8。

表 4－19　华东地区各省份同步系数

省份	上海	江苏	浙江	安徽	福建	江西	山东
同步系数	0.742 9	0.800 0	0.828 6	0.800 0	0.742 9	0.857 1	0.771 4

（四）中南地区

通过对我国中南地区各省份与中南地区区域整体的牛肉价格的同步性测定结果（表 4－20）的分析，可以发现：中南地区六个省份的同步系数按照由大到小排列分别是：湖北 0.942 9，广西 0.914 3，湖南 0.914 3，广东 0.885 7，海南 0.828 6，河南 0.800 0，湖北的同步系数最大，与整个区域牛肉价格的波动保持高度一致，说明在湖北牛肉价格的波动方向确定以后，则可以在

94.29%的概率下反映2016—2018年整个中南地区牛肉价格波动的方向。河南省同步系数在本地区六个省份中最低，中南地区六个省份同步系数的平均值为0.881 0。

表4-20　中南地区各省同步系数

省份	河南	湖北	湖南	广东	广西	海南
同步系数	0.800 0	0.942 9	0.914 3	0.885 7	0.914 3	0.828 6

（五）西南地区

通过对我国西南地区各省份与西南地区区域整体的牛肉价格的同步性测定结果（表4-21）的分析，可以发现：西南地区四个省份的同步系数按照由大到小排列分别是：贵州0.885 7、重庆0.885 7、云南0.828 6、四川0.828 6。贵州和重庆的同步系数最大，与整个区域牛肉价格的波动方向高度一致，说明在贵州、重庆牛肉价格的波动方向确定以后，则可以在88.57%的概率下反映2016—2018年整个西南地区牛肉价格波动的方向。西南地区四个省份同步系数的平均值为0.857 2。

表4-21　西南地区各省同步系数

省份	重庆	四川	贵州	云南
同步系数	0.885 7	0.828 6	0.885 7	0.828 6

（六）西北地区

通过对我国西北地区各省份与西北地区区域整体的牛肉价格的同步性测定结果（表4-22）的分析，可以发现：西北地区五个省份的同步系数按照由大到小排列分别是：宁夏0.971 4、甘肃0.771 4、新疆0.771 4、青海0.714 3、陕西0.685 7。宁夏的同步系数最大，与整个区域牛肉价格的波动方向高度一致，说明在宁夏牛肉价格的波动方向确定以后，则可以在97.14%的概率下反映2016—2018年整个西北地区牛肉价格波动的方向。陕西在五个省（自治区）的同步系数最低，西北地区五个省（自治区）的同步系数的平均值为0.782 8。

表 4 - 22　西北地区各省同步系数

省份	陕西	甘肃	青海	宁夏	新疆
同步系数	0.685 7	0.771 4	0.714 3	0.971 4	0.771 4

(七) 各区域均值的分析

通过对各省份与各地区牛肉价格波动同步性测算，计算出了各区域内各省份同步系数的平均值，依据大小进行排列，从高到低分别是：中南地区 0.881 0、西南地区 0.857 2、东北地区 0.800 0、华东地区 0.791 8、西北地区 0.782 8、华北地区 0.742 9。从各区域来看，中南地区各省份的同步性系数平均值最高，也就是说在六大区域中，我国中南地区牛肉价格波动的同步性概率最高，而一旦中南地区发生牛肉价格的波动后，通过对其他区域的影响，最终引起全国的牛肉价格波动。中南地区主要包括河南、湖北、湖南、广东、广西、海南六个省份，这六个省份中，除了河南，其余五个省份的牛肉生产相对较少，是我国牛肉的主要消费省份，自身牛肉生产量相对较少，自我调节能力较差，因此牛肉价格波动受其他省份影响较大，与其他省份的牛肉价格波动的同步性相对较高。

华北地区各省份的同步系数平均值在六个区域中最低，也就是说在六个区域中，我国华北地区各省份牛肉价格波动的同步性概率最低。华北地区主要包括北京、天津、山西、河北四个省份，而这四个省份中，河北是我国的肉牛养殖大省而且名列前茅，也就是说华北地区是我国的主要牛肉生产地之一，牛肉产量高，各省份内部可以通过自身调节减少牛肉价格波动的影响，受其他省份牛肉价格波动的影响较小，因此与其他省份牛肉价格波动的同步性相对较少。

三、各地区之间同步性测算

按照经济地理划分标准对我国六个区域之间的牛肉价格波动的同步性进行测定，测定具体结果见表 4 - 23。

从测算的结果来看，各地区之间牛肉价格波动的同步性大小依次为：中南地区与西南地区的牛肉价格波动的同步性最高，为 0.971 4，华东地区与中南地区牛肉价格波动性居于第二位，为 0.942 9，华东地区与西南地区牛肉价格波动的同步性第三，为 0.914 3，第四是东北和华东地区、东北和西北地区同步系数均为 0.857 1，第六是西北和华北地区、西北和华东地区、西北和中南地区，它们的同步系数均为 0.828 6，第九是西北和西南地区，东北和中南地区，牛肉价格波动的同步系数为 0.800 0，第十一的是华北和华东地区，华北和中南地区，东北和西南地区，牛肉价格波动同步系数为 0.771 4，同步系数最低的区域是华北和东北地区，华北和西南地区，牛肉价格波动的同步系数均为 0.742 9。

表 4 - 23   各区域间牛肉价格波动同步性测定结果

	华北地区	东北地区	华东地区	中南地区	西南地区	西北地区
华北地区	1					
东北地区	0.742 9	1				
华东地区	0.771 4	0.857 1	1			
中南地区	0.771 4	0.800 0	0.942 9	1		
西南地区	0.742 9	0.771 4	0.914 3	0.971 4	1	
西北地区	0.828 6	0.857 1	0.828 6	0.828 6	0.800 0	1

从测算的结果可以看出，我国牛肉空间区域市场之间，西南和中南两市场之间的联系性相对密切。西南和中南两个区域中，共包括 11 个省（自治区、直辖市），但仅有河南、云南、四川牛肉产量位居全国前列，其余各省相对牛肉产量均比较低，因此可以看出西南和中南地区两个区域主要为我国牛肉的消费区域。而这两个区域在地理位置上相邻，因此形成了更大的一个牛肉消费区，在这一牛肉消费区中，自身牛肉生产量相对较少，自我调节能力较差，因此牛肉价格波动受其他省份影响较大，与其他省份的牛肉价格波动的同步性相对较高。

华北和东北，华北和西南这三个区域中，共有 7 个省（自治区、直辖市）是我国牛肉生产大省，因此东北地区、华北地区、西南地区可以看作是我国牛肉生产主区域，且这三个区域在地理位置上相互连接，它们之间的同步系数较高，区域自身可调节减少牛肉价格波动的影响，受其他区域价格波动的影响较小，因此区域牛肉价格波动的同步性相对较少。

四、各地区与全国之间同步性测算

通过对我国各地区与全国的牛肉价格的同步性进行测定结果（表 4-24）

的分析，可以发现：六个地区与全国的牛肉价格的同步系数按照由大到小排列分别是：西南地区 0.942 9，华东地区和中南地区为 0.914 3，西北地区 0.800 0，东北地区 0.771 4，华北地区为 0.742 9。西南地区牛肉价格波动与全国牛肉价格波动的同步系数最大，为 0.942 9，华北地区牛肉价格波动与全国牛肉价格波动的同步系数最低，为 0.742 9。

表 4 - 24　各地区与全国之间同步系数

地区	华北地区	东北地区	华东地区	中南地区	西南地区	西北地区
同步系数	0.742 9	0.771 4	0.914 3	0.914 3	0.942 9	0.800 0

第六节　牛肉价格波动的区域传导路径

牛肉价格空间传导的过程主要包括两类，一是各省份的牛肉价格发生波动，直接传导到全国，引起全国牛肉价格的波动。二是，各省份的牛肉价格发生波动，引起相关区域牛肉价格的波动，各区域之间牛肉价格相互影响，最终引起全国牛肉价格的波动。根据前面的测算可以看出，牛肉价格空间地域波动的主要路径有以下几条：

牛肉价格空间波动传导路径一：华北地区区域内的省份由于某些原因导致牛肉价格波动，这种价格波动会以平均 0.742 9 的概率水平将省内牛肉价格波动传导给整个华北区域，导致华北地区牛肉价格的波动。华北地区牛肉价格的波动又通过对其他区域牛肉价格的影响，引起其他区域牛肉价格的波动，华北地区牛肉价格波动会引起东北地区以 0.742 9 的概率水平发生波动，西北地区以 0.828 6 的概率水平发生波动，中南地区以 0.771 4 的概率水平发生波动，西南地区以 0.742 9 的概率水平发生波动，华东地区以 0.771 4 的概率水平发生波动，最终华北地区以 0.742 9 的概率水平将区域的价格波动传导到全国的牛肉价格波动。

牛肉价格空间波动传导路径二：东北地区区域内的省份由于某些原因导致牛肉价格波动，这种价格波动会以平均 0.800 0 的概率水平将省内牛肉价格波动传导给整个东北区域，导致东北地区牛肉价格的波动。东北地区牛肉价格的波动又通过对其他区域牛肉价格的影响，引起其他区域牛肉价格的波动，东北地区牛肉价格波动会引起华北地区以 0.742 9 的概率水平发生波动、华东地区以 0.857 1 的概率水平发生波动、西南地区以 0.771 4 的概率水平发生波动、西北地区以 0.857 1 的概率水平发生波动、中南地区以 0.800 0 的概率水平发生波动，最终东北地区以 0.771 4 的概率水平将区域的价格波动传导至全国的牛肉价格波动。

　　牛肉价格空间波动传导路径三：华东地区区域内的省份由于某些原因导致牛肉价格波动，这种价格波动会以平均 0.791 8 的概率水平将省内牛肉价格波动传导给整个华东区域，导致华东地区牛肉价格的波动。华东地区牛肉价格的波动又通过对其他区域牛肉价格的影响，引起其他区域牛肉价格的波动，华东地区牛肉价格波动会引起东北地区以 0.857 1 的概率水平发生波动、中南地区以 0.942 9 的概率水平发生波动、西南地区以 0.914 3 的概率水平发生波动、华北地区以 0.771 4 的概率水平发生波动、西北地区以 0.828 6 的概率水平发生波动，最终华东地区以 0.914 3 的概率水平将区域的价格波动传导至全国的牛肉价格波动。

　　牛肉价格空间波动传导路径四：中南地区区域内的省份由于某些原因导致牛肉价格波动，这种价格波动会以平均 0.881 0 的概率水平将省内牛肉价格波动传导给整个中南区域，导致中南地区牛肉价格的波动。中南地区牛肉价格的波动又通过对其他区域牛肉价格的影响，引起其他区域牛肉价格的波动，中南地区牛肉价格波动会引起西北地区以 0.828 6 的概率水平发生波动、华东地区以 0.942 9 的概率水平发生波动、华北地区以 0.771 4 的概率水平发生波动、西南地区以 0.971 4 的概率水平发生波动、东北地区以 0.800 0 的概率水平发生波动，最终中南地区以 0.914 3 的概率水平将区域的价格波动传导至全国的牛肉价格波动。

　　牛肉价格空间波动传导路径五：西南地区区域内的省份由于某些原因导致牛肉价格波动，这种价格波动会以平均 0.857 2 的概率水平将省内牛肉价格波动传导给整个西南区域，导致西南地区牛肉价格的波动。西南地区牛肉价格的波动又通过对其他区域牛肉价格的影响，引起其他区域牛肉价格的波动，西南地区牛肉价格波动会引起华东地区以 0.914 3 的概率水平发生波动，东北地区以 0.771 4、华北地区以 0.742 9 的概率水平发生波动，西北地区以 0.800 0 的概率水平发生波动，中南地区以 0.971 4 的概率水平发生波动，最终西南地区以 0.942 9 的概率水平将区域的价格波动传导至全国的牛肉价格

波动。

牛肉价格空间波动传导路径六：西北地区区域内的省份由于某些原因导致牛肉价格波动，这种价格波动会以平均 0.782 8 的概率水平将省内牛肉价格波动传导给整个西北地区，导致西北地区牛肉价格的波动。西北地区牛肉价格的波动又通过对其他区域牛肉价格的影响，引起其他区域牛肉价格的波动，西北地区牛肉价格波动会引起西南地区以 0.800 0 的概率水平发生波动，东北地区以 0.857 1 的概率水平发生波动，华东、中南、华北地区以 0.828 6 的概率水平发生波动，最终西北地区以 0.800 0 的概率水平将区域的价格波动传导至全国。

通过对牛肉价格波动空间传导路径的分析，可以看出，中南地区各省份的同步系数平均值最高为 0.881 0，在六大区域中，我国中南地区牛肉价格发生波动的概率最高，而一旦中南地区发生牛肉价格的波动，通过对其他区域的影响，最终可引起全国的牛肉价格波动。中南地区是我国牛肉的主要消费省份，可见牛肉消费省份的价格波动与整体牛肉价格的波动有着密切的关系。

第五章
牛肉市场价格波动影响因素分析

通过对牛肉市场价格变化特征的梳理可知，牛肉价格波动在时间和空间层面均表现出了一定特征。引起其波动的因素是多方面的，总体来说，主要包括外部因素和内部因素两个层面。其中，内部因素包括生物机制和市场机制，后者主要体现在供给和需求两个方面，包括相关投入要素的数量及价格变化情况、替代品供求变化、进出口贸易、生产者行为及预期的变化、消费者行为及预期的变化等；外部因素包括制度性因素和随机因素，即与产业相关的宏微观调控政策、经济增长、农业现代化水平、重大自然灾害、畜禽疫病、经济危机等诸多因素。本部分研究将在系统梳理影响牛肉市场价格变动诸因素的基础上，以 1980—2018 年我国 31 个省区省级面板数据为依据，在对数据进行单位根检验的基础上，运用面板协整分析方法，对我国牛肉市场价格变动的影响因素进行研究。

第一节　牛肉市场价格波动内部影响因素

一、生物生长因素

牛是草食动物，具有将农作物秸秆等粗饲料资源转化成牛肉产品的特殊功能，且牛肉脂肪少、瘦肉多、肉质鲜美、营养丰富，是肉类食品中的上品。与畜牧业中的其他品种相比，肉牛具有明显的生物生长特性。肉牛是畜牧业中生产周期最长的品种，如表 5-1 所示，肉牛的平均生长期为 18 个月，生猪为 4 个月；从繁育能力来看，牛是单胎性哺乳动物，受孕率一般为 80% 左右，1 头母牛每年只能产 1 头犊牛，而一头母猪每次产仔猪 8～12 头，肉牛的妊娠期平均为 285 天，生猪则为 114 天。如图 5-1 所示，在肉牛产业链中，养殖户（场）负责进行肉牛繁育和养殖，是整个肉牛产业链涉及利益主体最多的环节，也是生产时间最长的环节，经过基础母牛繁育、犊牛养殖、架子牛育肥等阶段的生产，一部分育肥牛进入活牛流通市场，一部分直接进入屠宰加工企业。进入屠宰加工企业的育肥牛，经过屠宰及初加工后，一部分以生鲜、冷冻牛肉直接进入超市、农贸市场等生鲜肉销售部门；一部分被其他企业收购，继续对牛肉及其副产品进行深加工，然后进入消费领域。在此简单估算，母牛初配适宜月龄按 12 个月计算，妊娠期按 10 个月计算，育肥期按 18 个月计算，一头母牛从出生至怀孕，再到产仔育肥，大约需要 40 个月。较长的生长周期和较低的繁育能力，使得肉牛养殖单位成本投入大、资金回收期长且回报率低。因此，肉牛生产过程中母牛存栏的变化及其生产性能直接决定肉牛全群存栏量的变动。肉牛养殖规模的扩大，首先应增加能繁母牛存栏量，经过 10 个月的妊娠期和 18 个月的出栏周期，肉牛存栏量才能显著增加。相反，生产者在面临市场不景气或过热时，可能会增加能繁母牛的淘汰量，甚至放弃生产。由于生物机制的存在，肉牛存栏量与市场供给量之间具有时滞性，同时，能繁母牛、育肥牛生产性能及饲养管理的差异、供需双方市场行

表 5-1　肉牛与生猪生长周期比较

项目	繁殖期	繁殖能力	生长期
肉牛	275～295 天	1 头	18 个月
生猪	114 天	8～12 只	4 个月

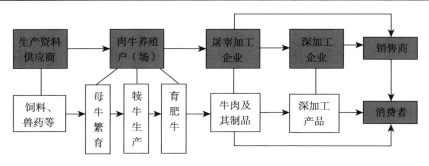

图 5-1　肉牛产业链构成

为及预期各异，导致牛肉市场供给量不确定性的存在，成为牛肉市场波动的重要影响因素，相应的牛肉市场价格也会发生变化。

二、市场需求因素

牛肉需求和供给变动是牛肉市场价格波动的直接原因，从需求角度来说，居民收入水平、相关商品价格、消费者偏好、产品质量安全等因素都是引起牛肉市场价格波动的重要因素。牛肉在肉类食品中具有优良营养的特性，其肉质细腻、鲜嫩，属于高蛋白、低脂肪及低胆固醇的肉类营养食品，含有丰富的氨基酸和矿物质元素，具有强筋壮骨、消化吸收率高等特点。与其他肉类相比，牛肉具有很多特质。从表 5-2 可以看出，每 100 克可食牛肉中的蛋白质含量为 20.2 克、脂肪含量为 2.3 克、胆固醇含量为 58 毫克，除了羊肉蛋白质较高以外，牛肉的蛋白质高于其他肉类蛋白质含量，并且牛肉的脂肪和胆固醇含量低于其他肉类含量。这也表现了牛肉优质健康的品质特性。

表 5-2　几种主要肉类 100 克可食瘦肉中营养成分和热量比较

肉类	热能值（千焦）	水分（克）	蛋白质（克）	脂肪（克）	碳水化合物（克）	胆固醇（毫克）
牛肉	443.5	75.2	20.2	2.3	1.2	58
羊肉	493.7	74.2	20.5	3.9	0.2	62
马肉	510.4	74.1	20.1	4.6	0.1	84
鸡肉	698.7	69	19.3	9.4	1.3	106
鸭肉	1 004.2	63.69	15.5	19.7	0.2	94
鹅肉	1 025.1	62	17.9	19.9	0.2	74
兔肉	426.8	76.2	19.7	2.2	0.9	59
鸽肉	841.0	66.6	16.5	14.2	1.7	99
鲤	456.1	76.7	17.6	4.1	0.5	84

数据来源：《羊生产学》（张英杰，2010）。

中国的牛肉消费从 20 世纪 90 年代初逐年提高，这与人们的收入水平不断提高有很大关系。2017 年，中国城市居民人均牛肉消费水平为 2.6 千克，与其他肉类消费相比，仅高于羊肉的人均消费量，明显低于猪肉、禽肉。因此，牛肉占肉类消费总量的比重较小，仅为 8.9%。但是，自 1990 年以来，牛肉的消费水平在所有肉类产品中增长幅度最大、增长速度最快，而同期猪肉的人均消费量虽然较高，占肉类比重较大，增长却较缓慢，禽肉居于二者之间。考察 1990—2017 年牛肉消费水平的变化情况可知，如表 5-3 所示，城市居民的肉类消费，1990 年牛肉的人均消费量仅为 0.90 千克，占肉类消费比重的 3.50%，猪肉、禽肉的消费量分别为 17.7 千克、2.5 千克，占整个肉类消费的比重分别为 80.5%、11.3%。1995 年牛肉的消费水平显著提高，城市居民牛肉的年人均占有量为 1.30 千克，比 1990 年增加了 0.44 倍，同期猪肉、禽肉分别增长了 0.39 倍和 1.45 倍。2017 年，城市居民牛肉的人均消费量为 2.6 千克，比 1990 年增长了 1.88 倍，表明 1990—2017 年，牛肉是肉类消费中增长幅度最大、增长速度最快的产品。牛肉消费量的增长使得牛肉在肉类消费中的地位有所上升。

表 5-3　1990—2017 年中国牛肉消费状况

年份	城市居民			农村居民		
	肉类消费 （千克）	牛肉 （千克）	占比 （%）	肉类消费 （千克）	牛肉 （千克）	占比 （%）
1990	25.70	0.90	3.50	12.59	0.40	3.18
1995	23.65	1.30	5.50	13.42	0.36	2.68
2000	25.50	1.98	7.76	18.30	0.52	2.84
2001	24.42	1.92	7.86	18.21	0.55	3.02
2002	32.52	1.92	5.90	18.60	0.52	2.80
2003	32.94	1.98	6.01	19.68	0.50	2.54
2004	29.22	2.27	7.77	19.24	0.48	2.49
2005	32.83	2.28	6.94	22.42	0.64	2.85
2006	32.12	2.41	7.50	22.31	0.67	3.00
2007	31.80	2.59	8.14	20.54	0.68	3.31
2008	30.70	2.22	7.23	18.30	0.56	3.06
2009	34.67	2.38	6.86	19.58	0.56	2.86
2010	34.76	2.53	7.28	20.00	0.59	2.95
2011	35.17	2.77	7.88	23.3	0.98	4.21
2012	35.71	2.54	7.11	23.45	1.02	4.35
2013	28.5	2.2	7.72	22.4	0.8	3.57
2014	28.4	2.2	7.75	22.5	0.8	3.56
2015	28.9	2.4	8.30	23.1	0.8	3.46
2016	29.0	2.5	8.62	22.7	0.9	3.96
2017	29.2	2.6	8.90	23.6	0.9	3.81

数据来源：历年《中国统计年鉴》。

相比于城市居民的肉类消费，中国农村居民的肉类消费增长较慢。1990年，农村人均肉类消费量为 12.59 千克，其中，牛肉消费量为 0.40 千克。进入 21 世纪以来，农村居民的肉类消费呈增长趋势，2017 年，农村居民肉类消费量为 23.6 千克，牛肉消费量为 0.9 千克。从肉类消费结构的变动趋势来看，牛肉消费占农村居民肉类消费的比重呈波动变化，并略有下降。1990 年，中国农村居民人均牛肉消费量占肉类消费量的 3.2%，2000 年为 2.8%，到了 2017 年，这一比重增至 3.8%。这说明，尽管近些年来，农民的收入有所提高，但与城市居民相比，牛肉消费仍然有所差距。

从近 20 年我国牛肉的消费状况可以看出，虽然牛肉的消费需求在不断提高，但与部分国家和地区相比，我国人均年牛肉消费量还是处于相当低的水平。20 世纪 90 年代初，加拿大的年人均牛肉消费量是 39.2 千克，美国是 44.1 千克，德国是 22.7 千克，英国是 21.7 千克，日本是 8.9 千克，韩国是 5.5 千克。尽管我国人均牛肉消费量很低，可是部分地区对中高档牛肉需求却很大，随着质量安全等事件的时有发生，大部分城市消费者越来越倾向于消费中高档牛肉。但是由于肉牛产业链涉及参与主体众多，质量控制较难，加上品种、饲料、兽药等多方面的原因，我国中档牛肉的生产能力还较低，这方面的牛肉需求量主要依赖进口（2008 年进口 2.8 万吨）。2004年中国农业科学院北京畜牧兽医研究所组织一批专家学者对北京 68 家宾馆、饭店进行考察，经过研究表明，仅北京白牛肉年需求量就在 6 000 吨以上，进而推测全国乳犊牛肉、白牛肉、红牛肉等中高档牛肉需求量很大，其中，乳犊牛肉、白牛肉约 3 万吨，红牛肉、犊牛肉约 5 万吨。随着经济的进一步发展，人民生活水平不断提高，我国的牛肉消费需求拥有巨大的空间和发展潜力。

（一）居民收入水平

消费者收入是影响牛肉消费的重要因素，随着收入的增加，人们越来越注重健康的饮食，对肉类的消费也逐渐偏向瘦肉多、脂肪少、营养价值相对较高的牛肉。这一特征在中国等发展中国家表现得尤为显著，收入水平较高的人群，牛肉消费量也较高。

从表 5-4 可以看出，牛肉消费量最低的是最低收入户，牛肉消费量最高的是较高收入户，说明我国牛肉消费量随着不同收入水平的变化而不同。2008—2012 年，最低收入户的牛肉消费量为 1.36 千克/人、1.39 千克/人、

1.58 千克/人、1.79 千克/人、1.65 千克/人，较高收入户的牛肉消费量分别
为 2.73 千克/人、2.89 千克/人、2.98 千克/人、3.27 千克/人、3.05 千克/
人，较高收入户牛肉消费量是最低收入户牛肉消费量的 2 倍、2.08 倍、1.89
倍、1.83 倍、1.85 倍。随着收入水平提高，不同年度牛肉消费量也随之增
加，说明了居民收入水平对牛肉消费量有一定影响。《中国统计年鉴》2013—
2018 年数据缺失，所以本文只列出 2008—2012 年的数据，也能说明居民收入
水平对牛肉消费量的影响。

表 5 - 4　2008—2012 城镇地区不同收入的家庭牛肉消费量

单位：千克/人

年份	最低收入	较低收入	中等收入偏下	中等收入	中等收入偏上	较高收入	最高收入
2008	1.36	1.71	2.03	2.38	2.65	2.73	2.7
2009	1.39	1.9	2.2	2.62	2.81	2.89	2.87
2010	1.58	2.05	2.4	2.8	2.91	2.98	2.96
2011	1.79	2.27	2.59	3.01	3.2	3.27	3.18
2012	1.65	1.97	2.38	2.75	2.93	3.05	3.11

数据来源：2008—2012 年《中国统计年鉴》。

（二）相关商品价格水平

从世界范围来看，由于生长周期长、相对生产成本高，牛肉是肉类中价
格相对较高的肉类，高于猪肉价格，且远高于禽肉价格。肉类产品之间存在
密切的替代性，猪肉、鸡肉、羊肉均是其替代品，羊肉的替代性最强。由于
替代性的存在，猪肉、鸡肉及羊肉市场价格的波动，对于牛肉市场供需双方
的行为及市场预期都会产生影响，进而影响生产者或消费者进入或退出牛肉
生产或消费，导致影响牛肉市场价格波动。如图 5 - 2 所示，从历史数据来
看，牛肉、羊肉价格走势基本一致，羊肉市场价格上涨会引起消费者转而购
买牛肉，引起牛肉需求量增加，推动了牛肉价格上涨；反之，如果羊肉价格
下降，会增加羊肉需求量，牛肉需求量随之下降，引起牛肉价格下跌。除此
以外，猪肉、鸡肉价格变动也会影响到牛肉市场价格变化。总之，猪肉、鸡
肉、羊肉等牛肉替代品市场价格的波动，必然引起牛肉市场价格不同程度的
变化。

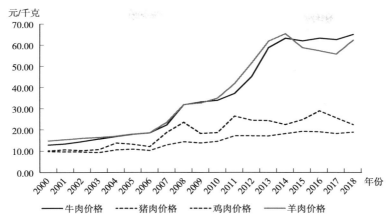

图 5-2　2000—2018 年主要肉类价格变动趋势

数据来源：农业部畜牧业司集贸市场畜禽产品和饲料价格定点监测。

（三）消费者的态度和偏好

由于宗教信仰及饮食习惯的不同，不同国家（地区）消费者对肉类的偏好程度也不同。美国、巴西、阿根廷等西方国家肉类消费中以牛肉为主，欧洲和亚洲国家的肉类消费中以猪肉为首。通过在我国部分地区的实地调研，笔者了解到，在北方，无论是大城市还是小城镇，50％以上的消费者喜欢消费牛肉的原因是因为牛肉的口味好、营养价值高，而南方大城市牛肉消费的主要动因则是追求消费多样化。从消费者的年龄和受教育程度角度看，一般年轻消费者和受教育程度较高的消费者比较喜爱牛肉。

（四）牛肉质量安全与品质

牛肉的质量是影响牛肉消费的重要因素之一，在德国、意大利、英国、瑞典等国家，消费者对牛肉中的激素、抗生素、大肠杆菌、疯牛病病毒等的关注度高达 60％以上。以美国为例，2003 年，美国发现"疯牛病"后，牛肉消费量出现大幅下滑，损失达到 30 亿美元。近年来，欧美消费者对有机畜产品的消费意识与日俱增，从历史到现在，从牧场到餐桌，要求对每一个环节都精确了解，肉牛产业发达国家饲养的肉牛全部都有自己唯一的身份证，对于肉牛的品种、身份、原饲养地和饲料的追溯制度已经被消费者普遍接受，消费者要求市场上每一块肉都有标志，可以追溯到牛的出生、生长、育肥、屠宰加工等不同产业链环节的全过程。但我国的质量安全可追溯系统尚未建立，消费者无法了解其消费的牛肉源自哪里，以及肉牛养殖过程中投入了哪些饲料或添加剂。

除此以外，发达国家消费者在购买牛肉的时候可以依据严格的分级标准，购买其需要部位的牛肉。但从我国的具体情况来看，由于国内还没有确定对牛肉的分类和分级标准，消费者购买牛肉时，仅能从新鲜程度、卫生、产地、价格、是否有绿色产品标识等方面来进行判断。60%以上的大中城市消费者认为新鲜程度对肉类产品最重要，其次是卫生条件，仅有10%的消费者关心质量问题，而只有在上海、北京、南京等大城市的消费者才会考虑牛肉嫩度。经济发达地区的消费者倾向于购买分割包装牛肉及加工成片的牛肉，但由于烹饪方法较为传统，因此对于高档部位分割牛肉的需求量较少。

三、市场供给因素

在需求不变的情况下，供给不足或过多都会引起牛肉价格的变动。当牛肉供不应求时，牛肉价格大幅度提高；反之，当牛肉供过于求时，牛肉价格会随之下降。当前，我国牛肉市场供给不足已经成为拉动牛肉价格上涨并长期处于高位运行的重要因素之一。牛肉市场供给由国内和国际两部分构成，生产成本高、周期长、养殖风险、产业发展滞后等诸多因素是影响牛肉国内供给的主要因素；从国际市场来看，牛肉进口量逐年增加，弥补了国产牛肉有效需求不足的问题，也从一定程度上平抑了国内牛肉价格的持续上涨。

影响牛肉供给的因素，主要有国内牛肉的出栏量、产量、牛肉的价格、肉牛养殖成本、经济增长率等。我国牛肉产量和牛肉进口量构成了牛肉的供给环节，并且是牛肉供给主要因素，牛肉产量和进口量的变化直接影响牛肉价格波动，肉牛出栏量、牛肉产量、玉米价格、牛肉进口量在不同时期波动是不同的，这些波动在一定程度上影响牛肉价格。牛肉价格引起肉牛供给的变动，主要是由于牛肉价格的周期性波动引起。依据蛛网理论能够说明牛肉价格与产量之间的关系。牛肉价格波动对牛肉供给的滞后性影响，进而影响牛肉生产及供给的波动，最终导致牛肉价格新一轮的波动。

（一）国内牛肉有效供给不足推动牛肉市场价格上涨

有效供给不足，是指牛肉产量的增长难以满足日益增长的需求。当前，我国牛肉产量不断增长，但增长速度相对较慢，难以满足城乡居民日益增长的牛肉消费需求。如图 5-3 所示，近年来，我国牛肉产量及牛肉消费量都呈递增趋势，但消费量增加的幅度高于产量增加的幅度，特别是消费量，从 2012 年开始大幅度增加，国内牛肉供不应求，到 2017 年牛肉缺口近 60 万吨，这个需求缺口是用进口牛肉进行补充解决的。

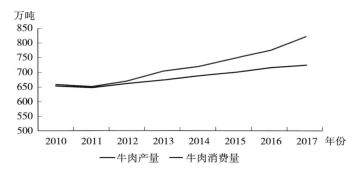

图 5-3 2010—2017 年中国牛肉产量与牛肉消费量变动情况

表 5-5 2000—2017 年中国肉牛出栏量、牛肉产量、牛肉进口量

年份	出栏量（万头）	增长率（%）	牛肉产量（万吨）	增长率（%）	牛肉进口量（万吨）	增长率（%）
2000	3 964.80		532.80		—	
2001	4 118.37	3.87	513.12	-3.69	0.39	—
2002	4 401.10	6.87	508.60	-0.88	1.10	182.05
2003	4 703.00	6.86	521.90	2.62	0.81	-26.36
2004	5 018.90	6.72	542.50	3.95	0.34	-58.02
2005	5 287.63	5.35	560.40	3.30	0.11	-67.65
2006	5 602.85	5.96	568.10	1.37	0.12	9.09
2007	4 359.49	-22.19	576.67	1.51	0.36	200
2008	4 446.10	1.99	613.41	6.37	0.42	16.67
2009	4 602.20	3.51	613.17	-0.04	1.42	238.10
2010	4 716.82	2.49	635.54	3.65	2.37	66.9
2011	4 670.68	-0.98	653.06	2.76	2.01	-15.19
2012	4 760.90	1.93	647.49	-0.85	6.14	205.47
2013	4 828.20	1.41	662.26	2.28	29.42	379.15
2014	4 929.20	2.09	673.21	1.65	29.79	1.26
2015	5 003.40	1.51	689.24	2.38	47.38	59.05
2016	5 110.00	2.13	700.09	1.57	57.98	22.37
2017	5 161.93	1.02	726.00	3.7	57.93	-0.09

数据来源：历年《中国统计年鉴》《中国畜牧兽医年鉴》。

从表 5-5 可以看出，肉牛出栏量在 2000—2006 年呈持续增长的趋势，从 3 964.80 万头增加到 5 602.85 万头，增长率为 41.31%，虽然出栏量持续增加，但是增长率在 2002—2006 年呈下降趋势。2007 年肉牛出栏量明显下降，降至 4 359.49 万头，2007—2010 年肉牛出栏量呈上升趋势。2011 年肉牛出栏量稍微下降，之后一直呈增长趋势，从 4 670.68 万头增加到 2017 年的 5 161.93 万头，增长率为 10.52%。牛肉产量在不同时期变化是不同的，2000—2002 年牛肉产量呈下降趋势，下降比例为 4.54%。2003—2011 年我国牛肉产量持续增加，从 521.90 万吨增加到 653.06 万吨，增加比例为 25.13%。2005—2010 年牛肉进口量从 0.11 万吨增加到 2.37 万吨，2011 年下降到 2.01 万吨，之后持续增加，2013 年为 29.42 万吨，2017 年增至 57.93 万吨。牛肉产量和牛肉进口量的波动对牛肉价格波动有一定的影响。

（二）生产成本居高不下推动牛肉市场价格上涨

牛肉生产成本是决定牛肉销售价格的关键因素，是影响肉牛养殖户生产经营决策的重要因素。结合牛肉市场价格波动规律不难发现，高成本必然推动牛肉市场价格的大幅度增长，特别是当前牛肉供求缺口日益增大的情况下，这种现象表现得更为明显。如表 5-6 所示，我国肉牛养殖生产成本利润率徘徊不前，主产品产值和总成本均明显增加。成本构成中，仔畜费占比最大，其次是饲料成本，再次是人工费用。我国饲养一头肉牛的收益从 2007 年的 1 200 元/头左右增长到 2016 年的 2 200 元/头以上。肉牛养殖总成本由 2007 年的 3 171 元/头，增长至 2016 年的 8 429 元/头，年均增长率为 11.47%。在肉牛养殖总成本构成中，仔畜费增速最快，由 2007 年的 1 852 元/头增至 2016 年的 5 615 元/头，年均增长率为 13.11%；第二是人工成本，由 2007 年的 442.3 元/头增至 2016 年的 1 056 元/头，年均增长率为 10.15%；第三是精饲料费由 2007 年的 574.4 元/头增至 2016 年的 1 222 元/头，年均增长率为 8.75%；最后是青粗饲料费由 2007 年的 207.3 元/头增至 2016 年的 410.2 元/头，年均增长率为 7.88%。

表 5-6　中国肉牛养殖成本收益情况

年份	成本利润率（%）	主产品产值（元）	总成本（元/头）	人工成本		仔畜费		精饲料费		青粗饲料费	
				费用（元/头）	占比（%）	费用（元/头）	占比（%）	费用（元/头）	占比（%）	费用（元/头）	占比（%）
2007	38.63	4 320	3 171	442.3	13.95	1 852	58.41	574.4	18.11	207.3	6.54
2008	25.61	5 350	4 314	405.7	9.41	2 729	63.26	858.9	19.91	226.6	5.25
2009	20.53	5 405	4 528	340.4	7.52	2 928	64.67	926.2	20.45	240.4	5.31
2010	20.70	5 964	4 983	440.7	8.84	3 147	63.14	1 014.0	20.35	277.3	5.56
2011	28.57	7 548	5 912	557.7	9.43	3 747	63.38	1 191.0	20.15	303.0	5.13
2012	31.51	9 732	7 451	789.0	10.59	4 839	64.94	1 300.0	17.45	406.3	5.45
2013	31.67	11 627	8 878	929.8	10.47	5 993	67.50	1 350.0	15.21	478.1	5.38
2014	27.56	10 908	8 602	967.7	11.25	5 674	65.97	1 407.0	16.36	421.4	4.90
2015	24.71	10 602	8 551	1 011.0	11.82	5 705	66.72	1 286.0	15.04	423.4	4.95
2016	28.03	10 730	8 429	1 056.0	12.53	5 615	66.62	1 222.0	14.50	410.2	4.90

数据来源：历年《全国农产品成本收益资料汇编》。

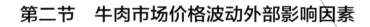

第二节　牛肉市场价格波动外部影响因素

一、制度因素

制度因素是除随机因素外由市场供需双方难以通过单个个体影响或改变的因素，通过对宏观经济或肉牛产业的影响，直接或间接引起牛肉供给和需求，进而引起牛肉市场价格波动，主要包括产业发展、经济环境转变、相关政策实施等各类制度性措施和因素。

随着社会经济的发展及市场的变化，中国肉牛产业发展经历了"役用—以役用为主—役肉兼用—肉役兼用—肉用"的过程。新中国成立时，我国牛存栏不到 5 000 万头，这一时期的牛主要作为役用，牛是农业生产的最重要动力。20 世纪 70 年代，随着农业机械化水平的提高，役用牛在农业生产中的作用有所降低，开始了役肉兼用和肉役兼用型品种的生产。改革开放后，为了适应市场需求，中国开始大量引入专门化肉用品种，改变了饲养方式，牛肉产量快速提高。同时，我国的经济体制历经了由计划经济向市场经济的逐渐转变，为肉牛产业的发展提供了良好的市场环境。肉牛产业自由发展空间加大，牛肉市场价格随着市场经济的逐步发展及牛肉市场的不断成熟波动频繁。同时，国家相关经济政策、产业政策、农产品收购及价格稳定政策、消费政策等相关政策的出台也影响着牛肉的供给与需求，进而影响牛肉市场价格波动。

制度因素的形成与实施效果的产生通常不是短期存在的，因此，其对牛肉市场价格波动的冲击通常表现为长期影响。国家相关产业和市场政策的出台，能直接影响牛肉市场，但其多在扶持产业发展，或维持市场稳定。为了保障耕地畜力，新中国成立之初中国的牛以役用为主，由于当时农用机械非常紧缺，役用牛是当时主要的耕畜，所以政府对牛的保护力度很强且严禁宰杀青壮牛。自1978年中国实施农村家庭联产承包制以后，中国的畜牧业开始迅速发展起来，全国牛数量开始逐渐上升，1979年国家颁布《关于保护耕牛和调整屠宰标准的通知》之后，禁止对能繁母牛和种牛进行屠宰，提高了对能繁母牛和种牛的保护力度，但是允许肉用牛经过育肥后进行屠宰，这一政策大大促进了中国肉牛养殖业的发展，使中国养牛业从以饲养役牛为主逐步向饲养肉牛为主转变。1979年中国牛存栏7 134.6万头，牛肉年产量为23万吨，而中国肉牛业才刚刚开始起步。随着畜牧业的发展，肉牛业不断受到国家的重视，1984年国家开始投资建设肉牛生产基地，饲养肉牛逐渐成为农民的副业，并且肉牛养殖以分散饲养为主。1985年，中国政府对畜产品价格进行了全面调整，当时牛肉供给量很小，牛肉年产量46.7万吨，人们对牛肉的需求量大于牛肉的供给量，明显形成供不应求现象，牛肉价格也因此而大幅度上涨，价格的上涨极大地刺激了农民饲养肉牛的积极性，饲养肉牛的农户逐渐增多。到了1990年，全国牛存栏量突破了1亿头，牛肉年产量达到125.6万吨，占肉类总产量的4.4%，与1980年相比，牛肉产量增加了将近4倍，肉牛产业的发展取得了很大的进步。1999年，农业部《关于当前调整农业生产结构的若干意见》的通知中提出要适应市场需要，积极调整畜牧业产业结构，加快肉牛生产。2000年，农业部《关于加快发展西部地区农业和农村经济的意见》提出，要加快发展畜牧业及畜产品加工业，积极推广"生长快、肉质好、饲料利用效率高"的肉牛优良品种。2002年，农业部《关于农业结构调整的分区指导意见》中，提出诸多推进畜牧业发展的意见，特别之处要推进肉牛产业带建设。2003 年颁布的《全国优势农产品区域布局规划（2003—2007）》中，专门针对肉牛产业发展进行了论述，立足资源禀赋，建立四大肉牛生产优势区域，即东北、中原、西北、西南，并提出要重点建设中原、东北两个肉牛优势产区。2009 年，农业部印发《全国肉牛优势区域布局规划（2008—2015 年）》，提出了健全优质肉牛繁育体系，完善标准化饲养技术体系，建立优质安全饲草供应体系和完善四大肉牛产业链体系。同年，国家开始对河南、四川、吉林、山东、内蒙古、新疆、甘肃、云南、辽宁、宁夏等 10 个肉牛主产省（自治区）开展肉牛良种补贴试点，选择这些地区能繁母牛存栏 5 000 头以上的县（市）实施，按照每头能繁母牛每年使用两剂冻精，每剂补贴 5 元，补贴肉用能繁母牛 200 万头。2012 年肉牛良种补贴政策实施范围有所扩大，河北、山西、黑龙江、安徽、江西、湖北、湖南、广西、重庆、贵州、陕西等省份被纳入实施范围，补贴对象为项目区内使用良种精液开展人工授精的肉牛养殖场（小区、户）。2013 年，畜牧良种补贴资金已达到 12 亿元，主要用于对项目省份养殖场（户）购买优质种猪（牛）精液或者种公羊、牦牛种公牛给予价格补贴。其中，肉牛良种补贴标准为每头能繁母牛 10 元；牦牛种公牛补贴标准为每头种公牛 2 000 元。2013 年肉用能繁母牛良种补贴数量仍为 500 万头，但实施范围又增加了江苏省，并适当增加山西、江西省的补贴数量。为进一步推进畜牧品种改良，农业部办公厅联合财政部办公厅印发了《2013 年畜牧良种补贴项目实施指导意见》（简称《意见》）。《意见》对畜牧补贴范围数量、补贴对象、补贴程序、补贴品种以及项目县选择标准等做了详细的说明。2014 年国家继续实施畜牧良种补贴政策，中央财政通过畜牧发展扶持资金安排 12 亿元实施畜牧良种补贴，鼓励养殖者购买牲畜良种冻精和种公畜进行牲畜品种改良。2015 年继续实施能繁母猪、肉牛、羊等畜牧良种补贴，其中，肉用能繁母牛补贴 451 万头，与上年保持不变。

2010 年，农业部颁发了《畜禽养殖标准化示范创建活动工作方案》，启动了全国畜禽养殖标准化示范创建活动，国家投入 5 亿元专项基金，采取"以奖代补"的方式对达到标准的养殖场户予以扶持。2010 年创建了 50 个肉牛示范场（小区），对于年出栏量在 500 头以上、符合建设标准的小区给予补贴。分 2 批奖励年出栏量在 500～2 000 头的肉牛养殖场（户）19 个，每场（户）奖励 80 万元。在加快推进标准化规模养殖方面，在 2010 年以来共创建 526 个肉牛、肉羊国家级标准化示范场的基础上，2014 年继续启动畜禽养殖标准化示范创建活动，计划再创建一批肉牛、肉羊标准化示范场，进一步发挥示范带动作用。2015 年，国家继续安排中央预算内投资用于肉牛标准化规模养殖场（小区）改扩建，在全国再创 350 个标准化示范场。2015 年肉牛标准化规模养殖场建设仅安排西藏自治区，年出栏 100～299 头的养殖场，每个场中央补助投资 30 万元；年出栏 300 头以上的养殖场，每个场中央补助投资 50 万元。

为了调动地方母牛饲养积极性，增加基础母牛数量，推进母牛适度规模养殖，逐步解决基础母牛存栏持续下降、架子牛供给不足等发展瓶颈问题，为牛肉市场供给提供基础支撑。农业部、财政部于 2014 年 7 月，适时推出了肉牛基础母牛扩群增量项目，并明确了实施区域和补助对象，起到了为肉牛产业止跌企稳的政策引导作用。2014 年中央财政新增牛羊肉生产发展资金 14 亿元，主要用于肉牛基础母牛扩群增量补贴、发展南方草地畜牧业、支持标准化规模养殖场建设等方面，进一步提高基础母牛饲养积极性，带动广大养殖场户发展牛羊肉生产。利用中央财政扶持畜牧标准化生产资金，支持河北、河南、山东和四川 4 省开展牛羊肉生产贷款担保、贴息试点，探索解决肉牛、肉羊生产发展贷款难题。

二、随机因素

随机因素的表现形式是随机事件，随机事件的出现具有诸多不确定性，往往难以科学把控，对于牛肉生产者、消费者的行为及市场预期，以及相关政策者的行为，都会产生影响，进而影响牛肉的供给与需求，导致牛肉价格的非正常波动。包括经济危机、重大自然灾害、畜禽疫病等随机事件的发生，随机因素所引起的市场波动难以预测，也正是由于随机因素的不可预测性，局部地区或全国牛肉市场会受到重大冲击，进而导致市场失衡，使牛肉市场价格出现较大幅度波动。经济危机、自然灾害和畜禽疫病等事件，会对肉牛产业及牛肉市场产生负面影响。从供给角度来说，这类事件的发生，会导致生产者缩小生产规模，甚至退出牛肉生产，引起牛肉市场供不应求局面的出现，进而拉高牛肉价格。从需求角度来说，消费者受到畜禽疫病等事件的影响相对较小，主要原因是消费者可以选择其替代品，进而引起牛肉价格的短期下滑。但由于肉牛生产周期较长，外部冲击难以使肉牛产业在短期内得到恢复，牛肉供给的恢复速度远低于牛肉需求的恢复速度，最终的结果是牛肉市场价格持续上涨。

纵观我国牛肉市场价格变动的历史走势，凡有重大随机事件发生的年份，总会存在牛肉市场价格非正常波动的情况。1994—1995 年，我国经济出现了较为严重的通货膨胀，牛肉市场受到了较大影响，直接拉动了牛肉市场价格的上涨。2000 年开始，全球暴发疯牛病，且持续时间较长，国内加紧对牛肉进口限制，而疫病的暴发也影响着国内牛肉生产者、消费者的决策行为及其市场预期，在该时期，国内肉牛产业及牛肉市场并不成熟，市场受到强烈冲击，我国也处于自然灾害高发期，洪涝、旱灾、冰雹、霜冻等灾害频发，导致牛肉市场价格大幅度上涨。我国加入 WTO，也使得玉米、豆粕等饲料市场不仅受到自然灾害的影响，还受到国际市场的强烈冲击，国内、国际双方面的冲击，牛肉市场供给和价格受到进一步影响，短期内难以合理调整。2007—2008 年，国内经济持续过热、金融危机、畜禽疫病、地震、干旱、冰雪灾害，以及奥运会等重大事件，使得牛肉市场价格在 2007 年以后快速上涨，且波动幅度巨大。2012 年年初，我国经济刚刚走出金融危机的阴霾，又受到欧洲债务危机的影响，国内经济开始减速。牛肉进口开始急剧增长，加上走私牛肉冲击的影响，国内牛肉市场受到国际市场的挤压不断加大。同时，劳动力、饲料等价格进一步提升，替代品市场价格再次上涨，进一步推动了牛肉价格的快速上涨。因此，为确保肉牛产业的健康发展及牛肉市场的稳定运行，针对随机事件的不利影响，有必要综合考量不同市场的运行情况，出台相关调控政策。如替代品市场、生产要素市场和进出口贸易市场，建立健全市场调控体系以及牛肉市场预警机制，做好牛肉临时储备制度，提升牛肉市场的抗冲击能力，保障产业和市场平稳发展。同时，相关政策的制订和实施要坚持适度原则，减少市场干预行为，充分发挥"看不见的手"的积极作用。

第三节　牛肉价格波动影响因素实证分析

一、研究方法与数据来源

本部分主要运用 Granger 因果检验方法，该方法是检验经济变量之间因果关系的一种常用计量经济方法，在 Granger 和 Engle 等于 20 世纪 80 年代创立的协整理论及其分析方法的基础上，逐渐运用到了时间序列关系的研究当中，其本质是运用条件概率来分析变量之间的因果关系。选取我国 31 个省份面板数据建立模型并进行各变量间的协整分析，同时在时间和截面两个维度上获取样本数据，可以增加样本空间，提高样本自由度，测定那些单纯利用时间序列或截面数据无法观测到的影响，同时，减少解释变量间多重共线性的影响，使得参数估计结果更加可靠。建立基本模型如下：

$$y_t = \sum_{i=1}^{n} \alpha_i x_{t-i} + \sum_{j=1}^{n} \beta_j y_{t-j} + \mu_{1t}$$

$$x_t = \sum_{i=1}^{m} \lambda_i x_{t-i} + \sum_{i=1}^{m} \beta_\delta y_{t-j} + \mu_{2t}$$

上述两个模型反映各变量在 n 个地区和 T 个时间点上的变动关系，其中，y 为被解释变量，各地区不同时间点上的牛肉价格；x 为解释变量信息集，下标 i 表示不同地区，t 表示不同年份。Granger 检验的本质是检验时间序列是否存在统计上的时间先后关系，如果 x 是 y 的 Granger 原因，说明在统计上 x 在 y 前，因此利用 x 的历史值能更好地预测 y，变量间因果关系的判断根据回归方程结果：如果 $\sum_{i=1}^{n} \alpha_i \neq 0$，且 $\sum_{j=1}^{n} \beta_j = 0$，说明从 x 到 y 存在单项因果关系；如果 $\sum_{i=1}^{n} \alpha_i = 0$，且 $\sum_{j=1}^{n} \beta_j \neq 0$，说明从 y 到 x 存在单项因果关系；如果 x 和 y 的系数在上述两个回归方程中都拒绝原假设，说明 x 与 y 之间存在双向因果关系；如果 x 和 y 的系数在两个回归方程中都接受原假设，说明 x 和 y 不存在因果关系，各自独立。

本节选取各省份历年牛肉价格作为被解释变量，记为 Y。选取猪肉价格、羊肉价格、鸡肉价格、玉米价格、牛肉产量、城镇居民人均消费支出、农村居民人均消费支出 7 个变量作为研究我国牛肉价格变动影响因素的解释变量，分别记为 X_1、X_2、X_3、X_4、X_5、X_6、X_7。考虑到样本数据的可得性、完整性，以及连续性，笔者选用历年农业部网站公布的农产品集贸市场价格数据，原始数据为月度数据，本文通过简单平均得到年度数据，并用农产品价格指数平减，近似转化成实物量指标。牛肉产量、城镇居民人均消费支出、农村居民人均消费支出数据来自历年《中国统计年鉴》。

二、实证分析及结果

（一）单位根检验

在进行协整检验前，笔者首先对 2000—2018 年我国牛肉价格、猪肉价格、羊肉价格、鸡肉价格、玉米价格、牛肉产量、城镇居民人均消费支出水平、农村居民人均消费支出水平的平稳性进行检验，从表 5-7 的检验结果可知，玉米（X_4）价格在 1% 的显著水平下拒绝了原假设，是平稳变量，因此在后面进行协整检验时剔除。除玉米价格外，其余变量均在 1% 的显著水平下接受了原假设，说明它们形成的时间序列都是非平稳的，分别对它们取一阶差分，在 1% 的显著水平下拒绝原假设，是平稳变量。因此，牛肉价格、猪肉价格、羊肉价格、鸡肉价格、牛肉产量、城镇居民人均消费支出水平、农村居民人均消费支出水平均为一阶单整，各变量均符合协整的必要条件，可以进行协整检验。

表 5-7　各变量及其一阶差分变量 ADF 单位根检验结果

变量	ADF 统计量	1%显著水平	检验形式（c，t，k）	序列平稳性
LnY	5.845	1.000	(c，n，0)	非平稳
ΔLnY	−8.542	0.000	(n，n，0)	平稳
LnX_1	0.753	0.774	(c，n，2)	非平稳
$ΔLnX_1$	−12.018	0.000	(n，n，1)	平稳
LnX_2	3.657	0.999	(c，n，0)	非平稳
$ΔLnX_2$	−7.784	0.000	(n，n，0)	平稳
LnX_3	1.48	0.931	(c，n，0)	非平稳
$ΔLnX_3$	−8.207	0.000	(c，n，0)	平稳
LnX_4	−2.421	0.008	(c，n，0)	平稳
$ΔLnX_4$	—	—	—	—
LnX_5	−1.196	0.116	(c，n，0)	非平稳
$ΔLnX_5$	−15.433	0.000	(n，n，0)	平稳
LnX_6	6.042	1.000	(c，n，0)	非平稳
$ΔLnX_6$	−0.634	0.000	(n，n，0)	平稳
LnX_7	0.415 81	1.000	(c，n，1)	非平稳
$ΔLnX_7$	−11.497 3	0.000	(c，n，0)	平稳

（二）协整检验

目前，协整检验的方法主要有两种：一种是两步法（EG），另一种是 Johansen 检验法。为避免内生变量和外生变量的划分，本文利用 STATA15.0 软件，运用稳定性较优的 Johansen 检验法，对 2010—2018 年各省份牛肉价格、猪肉价格、羊肉价格、鸡肉价格、牛肉产量、城镇居民人均消费支出、农村居民人均消费支出分别进行协整检验。从表 5－8 可以看出，Y 与 X_1、X_2、X_3、X_5、X_6、X_7 在 1％、5％显著性水平上呈显著，说明被解释变量与解释变量之间存在协整关系，并存在长期均衡关系。同时，由于本书所研究的时间跨度小于 20 年，笔者又进行了变量之间的 Pedroni 协整检验，结果如表 5－9 所示，Panel ADF 在 5％的显著性水平下拒绝了原假设，Group ADF 在 1％的显著性水平下拒绝了原假设，说明解释变量和被解释变量之间存在协整关系。

表 5－8　变量 Y 与 X_1、X_2、X_3、X_5、X_6、X_7 协整检验

项目	迹统计量	最大特征值统计量
没有协整关系	362.102***	117.280***
至多存在 1 个协整关系	244.822***	103.153***
至多存在 2 个协整关系	141.670***	67.449***
至多存在 3 个协整关系	74.221***	31.945**
至多存在 4 个协整关系	42.275***	29.509***
至多存在 5 个协整关系	12.766	10.678
至多存在 6 个协整关系	2.088	2.088

注：***、** 分别表示在 1％、5％的水平下显著。

表 5－9　Pedroni 协整检验

假设	组内估计 检验模型	统计量	显著性水平
H0：$\rho=1$	Panel v – Statistic	−2.679	0.996
H1：$\rho<1$	Panel rho – Statistic	5.926	1.000
	Panel PP – Statistic	3.234	0.999
	Panel ADF – Statistic	−2.951***	0.002

（续）

假设	组间估计 检验模型	统计量	显著性水平
H0：$\rho=1$	Group rho - Statistic	8.159	1.000
H1：$\rho<1$	Group PP - Statistic	2.823	0.998
	Group ADF - Statistic	-3.908^{***}	0.000

注：*** 表示在 1% 显著性水平下显著。

（三）Granger 检验

为明确各变量之间是否存在因果关系及方向，笔者进行了 Granger 因果检验。从表 5 - 10 中可以看出，在 1% 的显著性水平下，牛肉价格变动是引起猪肉价格、羊肉价格、农村居民人均消费支出的原因，同时，猪肉价格、羊肉价格、鸡肉价格、城镇居民人均消费支出、农村居民人均消费支出的变动是引起牛肉价格变动的原因，上述变量之间存在因果关系。

表 5 - 10　Granger 因果检验结果

零假设	F 统计量	1% 显著性水平	Granger 检验结果
Y 不是 X_1 的 Granger 原因	40.708 8	0.00	拒绝
X_1 不是 Y 的 Granger 原因	33.623 6	0.00	拒绝
Y 不是 X_2 的 Granger 原因	27.058 9	0.00	拒绝
X_2 不是 Y 的 Granger 原因	65.218 6	0.00	拒绝
Y 不是 X_3 的 Granger 原因	0.330 29	0.72	接受
X_3 不是 Y 的 Granger 原因	33.353 1	0.00	拒绝
Y 不是 X_5 的 Granger 原因	0.074 33	0.93	接受
X_5 不是 Y 的 Granger 原因	1.059 94	0.35	接受
Y 不是 X_6 的 Granger 原因	0.587 46	0.56	接受
X_6 不是 Y 的 Granger 原因	12.409 8	0.00	拒绝
Y 不是 X_7 的 Granger 原因	10.907 4	0.00	拒绝
X_7 不是 Y 的 Granger 原因	4.845 25	0.01	拒绝

（四）方差分解

为进一步评价各变量对预测方差的贡献度，笔者利用方差分解方法测算了残差的标准差由不同信息的冲击影响的比例，即对应内生变量对标准差贡献比例。由表 5 - 11 方差分解结果可知，$S.E.$ 表示各期的预测标准差，从第 7 期开始，方差分解结果基本稳定，Y 的预测标准差为 0.25，其中 50.01% 由 X_1 的残差冲击所致，32.38% 由 X_2 的残差冲击所致，4.41% 由 X_3 的残差冲击所致，X_5、X_6、X_7 的残差分别贡献了 0.88%、2.86%、1.12%。说明各因素对牛肉价格变动的影响程度由大到小分别为猪肉价格、羊肉价格、鸡肉价格、城镇居民人均消费支出水平、农村居民人均消费支出水平、牛肉产量。

表 5 - 11　方差分解结果

周期	$S.E.$	Y	X_1	X_2	X_3	X_5	X_6	X_7
1	0.091 1	44.838 7	27.142 8	25.685 2	1.479 1	0.307 6	0.047 0	0.499 6
2	0.145 1	23.687 2	42.457 7	32.585 7	0.640 8	0.139 3	0.038 5	0.450 9
3	0.182 4	15.283 2	46.480 1	35.422 7	1.325 2	0.502 4	0.398 0	0.588 4
4	0.207 8	11.789 5	47.434 3	36.026 7	2.267 0	0.718 3	1.037 6	0.726 7
5	0.226 2	9.977 7	48.397 4	35.168 2	3.067 7	0.824 0	1.693 6	0.871 4
6	0.239 9	8.935 1	49.352 0	33.767 1	3.771 1	0.871 1	2.298 7	1.005 0
7	0.250 0	8.341 5	50.012 4	32.376 5	4.411 5	0.883 7	2.858 4	1.115 9
8	0.257 7	8.037 9	50.364 4	31.164 6	4.998 5	0.872 4	3.368 1	1.194 0
9	0.263 9	7.910 9	50.500 2	30.132 1	5.544 8	0.850 2	3.822 2	1.239 6
10	0.268 9	7.872 7	50.497 7	29.252 1	6.067 1	0.825 7	4.226 0	1.258 8

（五）面板协整向量估计结果及分析

为进一步确定因变量与自变量之间的关系及影响程度，笔者采用完全修正最小二乘估计（FMOLS），利用 STATA15.0 软件，对 2000—2018 年全国 31 个省份牛肉价格及其诸影响因素数据进行协整回归估计。通过上述的协整检验及 Granger 检验，影响我国牛肉价格变动的主要因素有猪肉价格、羊肉价格、鸡肉价格、牛肉产量、城镇居民人均消费支出、农村居民人均消费支出。从表 5 - 12 可以看出，模型通过了 Durbin 检验，无自相关，拟合优度较好，F 检验呈显著。

首先，替代品价格对牛肉价格具有正向影响，在其他影响因素不变的条件下，猪肉价格、羊肉价格、鸡肉价格与牛肉价格在 1% 显著性水平下呈正相关关系。当猪肉价格上升 1 个百分点，牛肉价格会提高 0.23 个百分点；当羊肉价格上升 1 个百分点，牛肉价格会提高 0.71 个百分点；鸡肉价格上升 1 个百分点，牛肉价格会提高 0.13 个百分点。作为牛肉的替代品，猪肉、羊肉、鸡肉价格的上涨，会拉动牛肉价格上涨，特别是羊肉价格的提高，会引起牛肉需求量的增加，在供给基本稳定的情况下，必然引起牛肉价格的上涨。

其次，牛肉产量对牛肉价格具有负向影响，牛肉产量与牛肉价格在 5% 的显著性水平下呈负相关关系。当牛肉产量每减少 1 个百分点，牛肉价格会提高 0.04 个百分点。我国牛肉需求量一直呈显著增长趋势，而牛肉供给量增速较缓，甚至一度停滞不前，致使国内牛肉供求缺口逐渐增加，在需求量居高不下的情况下，供给量减少或增长趋缓必然引起牛肉价格的提高。

最后，居民消费支出水平对牛肉价格具有正向影响，城镇居民人均消费支出水平与牛肉价格在 1% 的显著性水平下呈正相关关系，农村居民人均消费支出水平与牛肉价格在 1% 的显著性水平下呈正相关关系。当城镇居民人均消费支出水平每增加 1 个百分点，牛肉价格会提高 0.35 个百分点；农村居民人均消费支出水平每增加 1 个百分点，牛肉价格会提高 0.05 个百分点。作为肉类食品中单位价格较高的产品，城乡居民消费支出水平的提高，会促进牛肉消费量的增加，进而引起牛肉价格的提高。同时，受收入水平的影响，城乡居民牛肉消费量存在较大差异，因此城乡居民消费支出水平对于牛肉价格的影响也存在较大差异。

表 5-12　面板向量协整回归（FMOLS）估计结果

变量	系数	标准差	T 统计量	显著性水平
X_1	0.226 056***	0.056 357	4.011 179	0.000 1
X_2	0.710 177***	0.026 628	26.670 22	0.000 0
X_3	0.129 103***	0.029 197	4.421 763	0.000 0
X_5	−0.037 411**	0.015 096	−2.478 266	0.013 6
X_6	0.349 877***	0.007 975	43.873 24	0.000 0
X_7	0.052 286***	0.007 267	7.194 959	0.000 0
R^2	0.979 101	因变量均值		3.378 024
调整 R^2	0.977 396	因变量标准差		0.570 593
标准误	0.085 786	残差平方和		3.157 086
Durbin 检验	1.934 213	长期方差		0.002 866

注：***、**分别表示在 1%、5% 显著性水平下显著。

第四节　本章小结

　　本部分在对影响牛肉市场价格变动因素进行梳理的基础上，实证分析了影响牛肉市场价格变动的因素。总体来说，引起牛肉价格变动的因素主要包括外部因素和内部因素两个层面。其中，内部因素包括生物机制和市场机制，后者主要体现在供给和需求两个方面，包括相关投入要素的数量及价格变化情况、替代品供求变化、进出口贸易、生产者行为及预期、消费者行为及预期的变化等；外部因素包括制度因素和随机因素，包括与产业相关的宏微观调控政策、经济增长、农业现代化水平的发展、重大自然灾害、畜禽疫病、经济危机等诸多因素。在可量化的因素中，影响牛肉价格变动的主要因素是替代品价格变动、城乡居民消费支出水平，以及牛肉产量，其中，替代品价格、城乡居民消费支出水平与牛肉价格呈正相关关系，牛肉产量与牛肉价格呈负相关关系。上述影响因素对牛肉价格变动的影响程度从大到小依次为：羊肉价格、城镇居民消费支出水平、猪肉价格、鸡肉价格、农村居民消费支出水平、牛肉产量。

第六章

牛肉市场价格波动关联效应分析

牛肉是改善人类膳食结构的重要畜产品之一，具有蛋白质丰富、脂肪含量低的特点，其氨基酸组成比猪肉更接近人体需要且能提高人体抗病能力，能够满足人们对优质食物不断增长的需求。2000年以来，我国牛肉价格在波动中呈螺旋趋势增长，这种不稳定的变化影响了参与牛肉生产的养殖户和企业的经济效益及经营策略，不利于全产业链的稳定发展。由于与居民消费品价格相互影响，牛肉作为居民的重要消费品之一，其价格变化受其他消费品的影响，同时又反作用于其他消费品，在替代效应作用下，如果猪肉价格上涨，则牛肉消费量增加，牛肉价格也相应上涨。因此，在厘清牛肉市场价格动态变化特征的基础上，分析牛肉价格变化的关联效应，分析影响牛肉价格变动的主要因素以及牛肉价格变动对相关产品价格变动的影响，对于调控牛肉价格、促进牛肉产业稳定发展具有重要意义。

第一节　牛肉市场价格传导效应的长期均衡分析

考虑到肉牛产业市场价格数据取自然对数能够消除原始时间序列分析过程中异方差的影响，而且可以不改变原来的协整关系。因此，分析中对原始数据做了自然对数变换。首先运用Eviews统计分析软件对饲料价格和牛肉市场价格进行单位根检验，结果见表6-1。通过检验可以发现，牛肉价格、玉米价格和豆粕价格的单位根检验的ADF统计量均在1%的水平上大于临界值，不能拒绝单位根假设，均为非平稳的时间序列；而通过对非平稳的价格时间序列进行一阶差分处理，再进行单位根检验，结果在 1% 的水平上拒绝了单位根假设，表明它们是平稳的时间序列。

表 6-1　牛肉产业链价格的单位根检验

项目	ADF 统计量	检验形式 (c, t, k)	P 值	1% 临界值	结论
Lbeef	−2.231 1	(c, t, 1)	0.468 3	−4.026 9	非平稳
Lmaize	−3.456 7	(c, t, 0)	0.048 3	−4.026 4	非平稳
Lsoybean	−1.641 2	(c, 0, 0)	0.458 8	−3.478 5	非平稳
CPI	−2.470 4	(c, t, 12)	0.342 2	−4.033 1	非平稳
△ Lbeef	−8.736 5	(c, 0, 0)	0.000 0	−3.478 9	平稳
△ Lmaize	−15.727 2	(c, 0, 0)	0.000 0	−2.882 7	平稳
△ Lsoybean	−10.266 7	(0, 0, 0)	0.000 0	−2.582 0	平稳
△ CPI	−5.219 5	(0, 0, 11)	0.000 0	−2.583 6	平稳

注：检验类型中的 c 为常数项，t 为趋势项，k 为滞后阶数；△表示变量的一阶差分；CPI 为消费价格指数；Lbeef 表示牛肉市场价格；Lmaize 表示玉米价格；Lsoybean 表示豆粕价格。

通过对反映消费者购买力的 CPI 进行单位根检验，结果原数据在 1% 的水平不能拒绝单位根假设；再通过对非平稳的 CPI 时间序列进行一阶差分处理后进行单位根检验，结果在 1% 的水平上拒绝了单位根假设，表明 CPI 的差分序列是平稳的时间序列。因此，反映牛肉产业主要环节的市场价格的时间序列数据都是 I（1）序列。也就是说，肉牛产业内价格系统都是不平稳的时间序列，不能用传统的计量经济分析方法构建模型来分析它们之间的均衡关系。

考虑到主要影响牛肉市场价格系列均是 I（1）序列，可以利用 Johansen 协整检验法判断它们之间是否存在协整关系。协整关系是用于分析变量之间是否存在稳定、均衡关系的分析方法，如果它们价格之间具有协整关系，则说明两者之间具有相对稳定的均衡关系，Johansen 协整检验结果见表 6-2。由表 6-2 可知，在 2000 年 1 月到 2018 年 12 月的样本区间内存在着协整关系。牛肉价格稳定均衡关系为：

$$Lbeef = 3.461\ 5 Lmaize + 1.626\ 0 Lsoybean + 0.114\ 9 CPI + \varepsilon$$

从长期的均衡趋势看，肉牛产业的价格会受到玉米价格、豆粕价格和 CPI 的影响有所提升。其中，玉米价格是最重要的影响因素，而 CPI 对牛肉市场价格的影响较低。

表 6 - 2　牛肉价格系统的 Johansen 协整检验结果

协整秩（H_0）	特征值	迹统计量	5％临界值	相伴概率
r＝0	0.217 900	63.091 02	47.856 13	0.001 0
r≤1	0.135 315	30.403 24	29.797 07	0.042 5
r≤2	0.077 664	11.066 30	15.494 71	0.207 5
r≤3	0.002 356	0.313 758	3.841 466	0.575 4
协整秩（H_0）	特征值	最大特征值统计量	5％临界值	相伴概率
r＝0	0.217 900	32.687 78	27.584 34	0.010 1
r≤1	0.135 315	19.336 94	21.131 62	0.087 5
r≤2	0.077 664	10.752 54	14.264 60	0.167 1
r≤3	0.002 356	0.313 758	3.841 466	0.575 4

第二节　牛肉市场价格与关联品价格的脉冲效应分析

脉冲响应函数描述的是 VAR 模型中一个内生变量的冲击对其他内生变量的影响。由于 VAR 是一种非理论性的模型，它无须对变量做先验性的约束，在分析 VAR 模型时，分析的是模型受到某种冲击时对系统的动态影响；通过方差分解可以分析每一个结构冲击对内生变量变化的贡献度，评价不同结构冲击的重要性（高铁梅 等，2010）。图 6 - 1 表示当给被解释变量以单位标准差的信息冲击后，牛肉市场价格的响应路径。实线为脉冲响应函数的测算值，虚线为脉冲响应函数值正负两倍标准差的偏离带，纵轴表示牛肉市场价格的脉冲响应程度，横轴表示信息冲击的作用期数。在模型中选择滞后期为 36 个月。从图 6 - 1 中可以发现，当给相关产业一个标准差信息冲击后，牛肉市场价格对玉米价格的市场响应程度最大，占总分解方差的 36.6％；其次是羊肉市场价格，占总分解方差的 20.1％；第三是猪肉价格，占总分解方差的 10.4％；第四是对 CPI 的响应占总分解方差的 2.4％，较低；而对鸡肉价格和豆粕价格几乎没有响应，占总方差分解结果不足 1％。

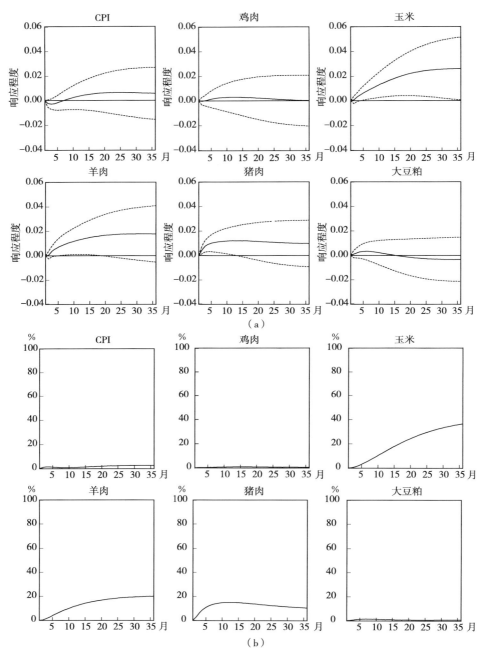

图 6-1　牛肉产业关联价格脉冲响应（a）及方差分解图谱（b）

第三节　牛肉市场价格关联机制分析

根据以上分析，得出牛肉价格受玉米价格、猪肉价格、羊肉价格与 CPI 的影响。本节将再利用分布滞后模型探索各相关产业价格对牛肉市场价格影响的时间效应。有限滞后分布模型的表达式如下：

$$Y_t = \alpha_0 + \beta_0 X_t + \sum_{j=1}^{r} \beta_j X_{t-j} + \eta_t$$

式中，Y_t 为被解释变量，X_t 为解释变量，X_{t-j} 为滞后 j 期的解释变量，r 为滞后期长度，β_j 为延迟数，表示滞后的各个时期的 X 变动一个单位对 Y 平均值的影响，β_0 为短期乘数，表示 X 的即期 Y 平均值的影响程度，η_t 为参差，α_0 为常数项。借鉴董晓霞等（2011）对肉鸡养殖业价格传导机制研究思路，考虑到原始数据可能带来异方差的影响，同时为了避免同名解释变量滞后期之间可能存在高度的共线性，以及扰动自相关，对有限滞后模型经过了取对数和一次差分处理，得到最终的有限滞后估计模型：

$$\Delta \ln Y_t = \alpha_0 + \beta_0 \Delta Ln X_t + \sum_{j=1}^{r} \beta_j (\Delta Ln X_{t-j}) + \eta_t$$

本节通过对牛肉市场价格具有显著影响的玉米价格、CPI、羊肉价格和猪肉价格与牛肉市场价格之间的时间效应，建立有限滞后模型来揭示其间的关联机制。对 2000 年 1 月至 2018 年 12 月期间牛肉市场价格与被解释变量之间建立回归方程。根据回归结果可以得到，中国牛肉价格变动主要受玉米价格、猪肉价格、羊肉价格和 CPI 变动（或者滞后期价格变动）的影响。但是，各关联产品价格影响的显著程度有很大差异。其中，即期的 CPI 以及滞后 6 期的 CPI 对牛肉市场价格虽有影响，但 CPI 变动 1‰ 导致牛肉市场价格同方向变动才为 0.009%，这种影响较弱。而玉米滞后 5 期和 6 期价格对牛肉市场价格影响较大，玉米滞后期价格变动 1‰ 会带动牛肉市场价格同方向变动 0.1% 左右。猪肉价格即期、滞后 1 期和 6 期的价格对牛肉市场价格的影响与玉米价格的影响类似。羊肉从即期到滞后 3 期对牛肉市场价格的影响也较为显著。上游玉米价格能向肉牛产业传导，存在着 5~6 个月的时滞。一般来说，"玉米→架子牛→肉牛"是一条比较完整的产业链条，玉米价格和牛肉市场价格能够通过架子牛市场来传导价格。但是，由于本研究受数据资料的限制，未能收集到架子牛的价格资料。通过建立玉米价格与牛肉市场价格间的有限滞后模型来识别饲料价格与牛肉市场价格之间的传导关系，结果显示两者之间并不具备即期的传导关系，但是存在着滞后 5～6 期的传导关系。一般来说，架子牛育肥周期在 5～6 个月，在经过一个周期的生产调整后，玉米价格就可以影响到牛肉的市场价格，价格传导比较迅速。而反映消费环节的 CPI 与牛肉市场价格即期和滞后 6 期均相互影响，但是其影响程度较低。替代产品羊肉价格和猪肉价格对牛肉市场价格的影响较大。羊肉从即期到滞后 3 期对牛肉市场价格均有显著影响；即期和滞后 6 期的猪肉市场价格对牛肉市场价格均有显著影响。

第四节　中国牛肉市场价格变动趋势预测

在这一轮（2000—2008 年）肉类产品增长中，牛肉增长幅度很显著，而且也是历史上持续时间较长的一次。从牛肉市场价格变化的历史规律看，进入年末以后一直持续到第二年的春节期间，中国牛肉价格会持续增长到最高价格。所以在 2010 年 10 月以后，即使随着猪肉价格的下降以及玉米等饲料价格的下降而导致牛肉价格微幅调整，但是随着春节消费高峰的到来，牛肉价格会有所回复。总的来看，牛肉价格会维持在一个较高的价格水平上。主要原因有以下几点：一是，我国牛源短缺问题仍然没有有效解决，而对牛肉的消费需求仍会显著增长。中国牛肉供求平衡是在较低收入水平、较低牛肉品质和较低均衡量基础上的。2018 年，中国牛肉消费量仅约为 4 千克/人，还不足世界平均牛肉消费水平的一半。据国家肉牛牦牛产业技术体系产业经济研究室估计，到 2030 年中国牛肉需求量至少是 2018 年水平的一倍。牛肉市场的高需求与牛源萎缩的反差，形成了牛肉市场高价位的压力。近年来，我国牛肉供给量增长缓慢，牛肉消费量增长的速度快于供给量增长的速度，导致牛肉进口量大幅增长。从产销量的变化情况可以看出，这种短期内的供求均衡是以降低消费量为代价的，长期只能以低收入群体消费不起牛肉为代价。与此同时，随着肉牛养殖业结构性、区域性调整，小规模养殖户退出了肉牛养殖业，而规模养殖户难以弥补减少的缺口。二是，肉牛生产成本居高不下，持续增长的压力推动牛肉价格留在高位。高水平能源价格和人工成本的不断提高还会持续，这将会导致农业生产资料价格居高不下，不断加深牛肉价格面临高位的压力。而从世界饲料供给和消费情况看，玉米供给不足会进一步推动饲料价格上涨，将推动牛肉价格在高价位。2011年世界玉米库存已经降到了五年来的最低水平1.22亿吨，比2008年减少了2 600万吨，比2010年减少了750万吨。可以看出，玉米加工业的发展和饲料需求的增加显著降低了世界玉米的库存。世界玉米库存减少暗示着玉米供给不足。而从中国玉米产销情况看，2011年进口了300万吨，进口量占到世界玉米库存减少量的40％。2011年与2010年相比，玉米总消费量净增加了1 300万吨，其中，饲料消费量就增加了800万吨，而国内的总供给量才增长700万吨。因此，如果不大量进口玉米和控制玉米加工业的发展，势必会进一步引起国内饲料价格的增长，不断推动包括牛肉在内的肉类产品价格的增长。三是，随着肉牛产业链的不断升级，不断提升牛肉品质和牛肉品牌价值，也会在一定程度上提高牛肉产品的价格。

第七章
牛肉市场价格传导机制分析

  经过 20 多年的快速发展，中国已经成为世界第三大牛肉生产国，占世界牛肉总产量的 10％。2006 年以来，中国牛肉价格由 18.6 元/千克增至 2018 年年末的 65.17 元/千克，增长了 2.5 倍。但是，在牛肉价格快速上涨的过程中，牛肉价格上涨幅度远高于养殖户实际感受到的肉牛收购价格上涨幅度，即牛肉价格在生产和销售环节的传导并不完全一致。当市场价格上涨时，销售商不会很快提高收购价格，让养殖户分享市场利润，即使提高收购价格，提升幅度也明显小于市场价格的涨幅；而当市场价格下降时，销售商会很快降低收购价格，让养殖户分摊市场风险，肉牛养殖者不能从牛肉价格上涨中获得更多生产者剩余。同时，从消费者的角度来说，当收购价格上升时，销售商会很快提高零售价格，使得消费支出明显增加，而当收购价格下降时，销售商不会立即降低市场价格，即使下降，其降幅也小于收购价格的降幅，消费者不能从牛肉价格下跌中获得更多消费者剩余。相比之下，产业链下游的屠宰加工、销售环节能获得较多收益或避免遭受更多损失。这种普遍存在于农产品市场的"价格非对称传导效应"的长期存在，必然会阻碍资本对肉牛养殖环节的投入，不利于牛肉的持续稳定供给。因此，厘清牛肉市场各关键环节在价格传导中的具体作用，验证牛肉价格非对称性传导效应是否存在，并分析其产生原因，能够为政府制定相关宏观调控政策和养殖户的合理经济选择提供参考和建议，对于肉牛产业的健康发展具有一定的促进作用。

第一节　研究方法与数据说明

一、非对称门限协整检验

协整检验的目的是判断一组非平稳序列的线性组合是否具有协整关系，传统的单位根检验设定时间序列是线性和具有对称调整特征，而随着经济理论和研究方法的发展，对于非对称调整特征的判断可以通过非对称门限协整检验模型来刻画。本节分别利用门限自回归模型（TAR）、动量门限自回归模型（MTAR）对牛肉批发价格和零售价格之间长期均衡关系的回归残差进行自相关检验，据此来判断二者之间的传导关系是对称的还是非对称的。模型建立过程如下：

$$RP_t = \alpha_0 + \alpha_1 WP_t + \mu_t \tag{1}$$

（1）式反映了牛肉批发价格与零售价格的长期均衡关系，其中，RP_t 表示牛肉零售价格，WP_t 表示牛肉批发价格，α_0 为常数项，α_1 为待估参数，μ_t 为残差项。

$$\Delta\mu_t = \rho_1 I_t \mu_{t-1} + \rho_2 (1-I_t) \mu_{t-1} + \varepsilon_t \tag{2}$$

其中，
$$I_t = \begin{cases} 1, & 如果 \ \mu_{t-1} \geq \tau \\ 0, & 如果 \ \mu_{t-1} < \tau \end{cases} \tag{3}$$

$$\Delta\mu_t = \rho_1 I_t \mu_{t-1} + \rho_2 (1-I_t) \mu_{t-1} + \sum_{i=1}^{q-1} \gamma_i \Delta\mu_{t-i} + \varepsilon_t \tag{4}$$

其中，
$$I_t = \begin{cases} 1, & 如果 \ \Delta\mu_{t-i} \geq \tau \\ 0, & 如果 \ \Delta\mu_{t-i} < \tau \end{cases} \tag{5}$$

（2）式、（4）式是根据（1）式中残差项 μ_t 构建的门限自回归模型和动量门限自回归模型。ρ_1、ρ_2、γ_i 为待估参数，ε_t 为误差项，q 为残差项 q 阶滞后期。I_t 为指示性函数，其中，τ 为门限制，当 $\tau=0$ 时，（2）式和（4）式分别称为门限自回归模型（TAR）和动量门限自回归模型（MTAR）；当 $\tau \neq 0$ 时，（2）式和（4）式分别称为一致门限自回归模型（C-TAR）和一致动量门限自回归模型（C-MTAR）。利用上述模型的回归结果，可以判断牛肉批发价格和零售价格之间是否存在协整关系，并检验其是对称的还是非对称的。检验内容如下：①残差平稳性检验。μ_t 为平稳序列，是构建门限自回归模型的必要条件。基于 Ljung‑Box 统计检验，原假设为序列自相关，如果统计量的显著性水平大于 10％，说明残差是平稳序列。②模型稳定性检验。通过赤池信息准则（AIC）和贝叶斯信息准则（BIC）估计值来判断，估计值越小，模型越稳定。③协整关系检验。如果拒绝原假设 $\rho_1 = \rho_2 = 0$，则两个时间序列之间存在协整关系；如果拒绝原假设 $\rho_1 = \rho_2$，则两个时间序列之间的协整关系是非对称的。

二、非对称误差修正模型

结合上述门限协整检验结果，如果 $\rho_1 \neq \rho_2$，本节将进一步构建非对称误差修正模型（APT‑ECM）来分析牛肉批发价格和零售价格传导非对称性问题。非对称误差修正模型是由误差修正模型（ECM）改进而来，并将其更加一般化，克服了传统误差修正模型只能反映短期总体偏离产期均衡修正的不足，在国内外农产品价格非对称传导研究中被广泛采用，且被证实是非常有效的方法（Reziti 和 Panagopoulos，2008；李志国 等，2013）。

根据非对称误差修正模型构建的基本原理，牛肉批发价格与零售价格之间的传导关系可以表述为：

$$\Delta WP_t = \gamma_0 + \sum_{j=1}^{k}(\beta_{1j}^+ \Delta WP_{t-j}^+ + \beta_{3j}^+ \Delta RP_{t-j+1}^+) + \sum_{j=1}^{l}(\beta_{2j}^- \Delta WP_{t-j}^- + \beta_{4j}^- \Delta RP_{t-j+1}^-)$$
$$+ \delta_1^+ ECT_{t-1}^+ + \delta_2^- ECT_{t-1}^- + \mu_t \qquad (6)$$

$$\Delta RP_t = \gamma_0 + \sum_{j=1}^{k}(\beta_{1j}^+ \Delta RP_{t-j}^+ + \beta_{3j}^+ \Delta WP_{t-j+1}^+) + \sum_{j=1}^{l}(\beta_{2j}^- \Delta RP_{t-j}^- + \beta_{4j}^- \Delta WP_{t-j+1}^-)$$
$$+ \delta_1^+ ECT_{t-1}^+ + \delta_2^- ECT_{t-1}^- + \mu_t \qquad (7)$$

（6）式和（7）式分别为以牛肉批发价格和零售价格为因变量的方程，其中，$\Delta WP_t = WP_t - WP_{t-1}$，$\Delta RP_t = RP_t - RP_{t-1}$；$\Delta WP_t^+$ 和 ΔWP_t^- 分别表示牛肉批发价格上涨和下跌；ΔRP_t^+ 和 ΔRP_t^- 分别表示牛肉零售价格上涨和下跌；γ_0 为常数项，k 和 l 表示滞后阶数，因为涨价阶段和降价阶段的滞后期不一定相同，所以 k 和 l 可以不相等；β_{1j}^+、β_{2j}^-、β_{3j}^+、β_{4j}^-、δ_1^+、δ_2^- 均为待估参数。ECT_{t-1} 为误差修正项，可以进一步分为正向冲击 ECT_{t-1}^+ 和负向冲击 ECT_{t-1}^-。

（6）式中，$ECT_{t-1}^+ = I_t \times \omega_t = I_t \times (WP_{t-1} - \beta_0 - \beta_1 RP_{t-1})$，表示牛肉零售价格上涨，批发价格会受到正向冲击，意味着零售价格上涨，对养殖户来说

是"利好"消息；$ECT^-_{t-1}=(1-I_t)\times\omega_t=(1-I_t)\times(WP_{t-1}-\beta_0-\beta_1RP_{t-1})$，表示牛肉零售价格下跌，对养殖户来说是"利空"消息。（7）式中，$ECT^+_{t-1}=I_t\times\mu_t=I_t\times(RP_{t-1}-\alpha_0-\alpha_1WP_{t-1})$，表示牛肉批发价格上涨，零售价格受到正向冲击，意味着销售商的成本上升，是"利空"消息；$ECT^-_{t-1}=(1-I_t)\times\mu_t=(1-I_t)\times(RP_{t-1}-\alpha_0-\alpha_1WP_{t-1})$表示牛肉批发价格下降，零售价格受到负向冲击，意味着销售商的成本降低，是"利好"消息。非对称误差修正模型主要通过对ECT^+_{t-1}和ECT^-_{t-1}的估计系数进行检验，即检验原假设$\delta^+_1=\delta^-_2$，可以确定两个时间序列是否存在非对称传导关系。

三、数据说明

本节选取了2008年1月至2015年12月全国平均牛肉批发价格（元/千克）和牛肉零售价格（元/千克）月度时间序列数据，样本数据来源于全国农产品商务信息公共服务平台和中国畜牧业信息网。牛肉批发价格是指牛肉主产地的收购价格，即生产者价格；牛肉零售价格指市场上的销售价格，即消费者价格。从图7-1可以看出，牛肉批发价格与牛肉零售价格大致呈现整体上行趋势，且两个时间序列的变动趋势基本相似，说明它们之间可能存在某种稳定的长期关系。

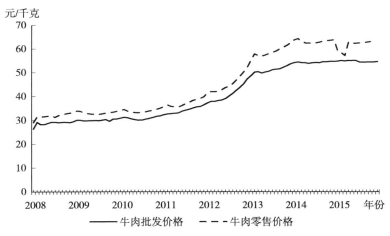

图 7-1　2008—2015年全国牛肉批发价格与牛肉零售价格变动趋势
资料来源：全国农产品商务信息公共服务平台和中国畜牧业信息网。

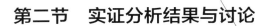

第二节　实证分析结果与讨论

一、牛肉批发价格与零售价格长期均衡关系分析

在分析牛肉批发价格与零售价格两个时间序列之间的协整关系前，本节利用 ADF 统计量对牛肉批发价格与零售价格时间序列平稳性进行检验。检验结果如表 7-1 所示，牛肉批发价格与零售价格的水平价格均不能拒绝原假设，即为非平稳序列；一阶差分序列的检验结果均小于 5% 水平临界值，即一阶差分序列是平稳序列。

表 7-1　变量平稳性检验结果

变量	ADF 统计量	5%临界值	检验形式	结论
WP	-0.883	-3.459	$(c, t, 0)$	非平稳
RP	-1.331	-3.461	$(c, t, 0)$	非平稳
ΔWP	-7.630	-3.460	$(c, t, 0)$	平稳
ΔRP	-7.682	-3.462	$(c, t, 0)$	平稳

注：WP、RP 分别表示牛肉批发价格和零售价格，ΔWP、ΔRP 表示价格序列的一阶差分。

根据公式（1）~（5）推导，本节分别利用 TAR、MTAR、C-TAR、C-MTAR 模型，对牛肉批发价格和零售价格进行协整检验，检验结果如表 7-2 所示。

首先用 OLS 方法估计式（1），得出牛肉批发价格与零售价格之间的长期均衡关系式（括号内为 t 值）：

$$RP = -3.121\,3 + 1.198\,7 * WP + \mu_t \qquad (8)$$
$$(-6.58^{***}) \quad (103.73^{***})$$

对于（8）式中的残差 μ_t 进一步采用 OLS 方法估计方程（2）和（4）。当 $\tau=0$ 时，（2）式和（4）式分别为 TAR 模型和 MTAR 模型；当 $\tau \neq 0$ 时，C-TAR 的门限值为 1.345 8，C-MTAR 的门限值为 -0.475 8。除 MTAR 模型外，TAR、C-TAR、C-MTAR 模型 Φ（$H_0: \rho_1 = \rho_2 = 0$）值都在 1% 水平上显著，拒绝不存在协整关系的原假设，说明牛肉批发价格和零售价格时间序列之间存在长期协整关系。根据 F（H_0：$\rho_1 = \rho_2$）检验结果，C－MTAR 模型拒绝了对称性原假设，且 AIC 值和 BIC 值最小，因此，本节以 C－MTAR 模型为基础建立牛肉批发价格与零售价格的非对称误差修正模型。

表 7－2　牛肉批发价格与零售价格的门限自回归模型拟合及检验结果

项目	TAR	C－TAR	MTAR	C－MTAR
估计值				
门限值	0	1.345 8	0	−0.475 8
ρ_1	−0.255 1 (−1.37)	−0.199 6 (−0.75)	−0.083 9 (−0.77)	−0.637 6*** (−2.72)
ρ_2	−0.334 6*** (−3.12)	−0.321 2*** (−3.92)	−0.273 8* (−1.83)	−0.055 5 (−0.59)
诊断				
AIC	2.500 5	2.499 6	2.344 8	2.286 8
BIC	2.584 392	2.583 5	2.487 5	2.429 5
Q (4)	8.685 5*	8.803 7*	2.071 9	1.698 7
Q (8)	8.944 9*	9.057 3*	2.920 0	3.000 9
Q (12)	9.646 9*	10.037*	3.364 9	5.389 2
假设检验				
Φ (H_0：$\rho_1 = \rho_2 = 0$)	7.959 6***	8.007 6***	1.962 9	3.711 2***
F (H_0：$\rho_1 = \rho_2$)	0.107 9	0.189 0	1.063 3	5.766 7***

注：***、**和*分别表示在1%、5%和10%的水平下显著，下表同；括号中的数字为 t 值。

二、牛肉价格非对称传导效应分析

为了更加深入清晰地分析牛肉批发价格与市场零售价格之间的非对称传导关系，本文运用非对称误差修正模型进行拟合，分析结果如表 7－3 所示。第 2、3 列是以牛肉零售价格为因变量的模型拟合结果，第 4、5 列是以牛肉批发价格为因变量的模型拟合结果。根据 AIC 准则判断，牛肉批发价格对零售价格影响的正向波动和负向波动的滞后期长度均为 3；牛肉零售价格对批发价格影响的正向波动滞后期长度为 0，负向波动滞后期为 3；牛肉批发价格自身正向波动的滞后期长度为 2，负向波动的滞后期长度为 0；牛肉零售价格自身正向波动滞后期长度为 0，负向波动滞后期长度为 3。

表 7-3 牛肉批发价格与零售价格非对称误差修正模型估计结果

变量	ΔWP_t		ΔRP_t	
	估计值	t 值	估计值	t 值
常数项	0.210 2	4.33	−0.196 5	−1.18
ΔWP_t^+	—	—	0.974 5***	3.45
ΔWP_{t-1}^+	0.114 3	0.30	0.340 8	1.08
ΔWP_{t-2}^+	0.098 5	1.01	0.035 7	0.11
ΔWP_{t-3}^+			0.087 7	0.40
ΔWP_t^-	—	—	−0.141 8	−0.20
ΔWP_{t-1}^-	—	—	−0.439 8	−0.61
ΔWP_{t-2}^-	—	—	−0.071 8	−0.12
ΔWP_{t-3}^-	—	—	0.206 6	0.39
ΔRP_t^+	0.342 4***	5.59	—	—
ΔRP_t	0.026 8	0.51	—	—
ΔRP_{t-1}^-	0.023 0	0.44	0.407 7**	2.06
ΔRP_{t-2}^-	0.003 9	0.08	0.442 1**	2.19
ΔRP_{t-3}^-	0.348 8	4.45	−0.823 5***	−3.97
ECT_{t-1}^+	0.074 6**	1.99	−0.356 0*	−1.89
ECT_{t-1}^-	1.666 7***	−6.87	−0.229 2*	−1.90
R - squared	0.954 4		0.941 0	
调整 R - squared	0.925 3		0.871 9	
AIC	0.154 8		0.250 2	
BIC	0.440 2		0.649 8	
Q (4)	0.759 1		1.527 2	
Q (8)	2.476 4		1.747 3	
Q (12)	3.487 9		2.820 8	
H_0: $\delta_1^+ = \delta_1^-$	42.30** (0.000 0)		4.06** (0.047 7)	

根据牛肉批发价格和零售价格之间的长期均衡关系式，结合公式（6）、（7）中的相关定义，得到（6）式中 ECT_{t-1}^+ 和 ECT_{t-1}^- 具体表达式：

$$ECT_{t-1}^+ = I_t(WP_{t-1} - 2.904\ 672 - 0.827\ 445\ RP_{t-1}) \qquad (9)$$

$$ECT_{t-1}^- = (1 - I_t)(WP_{t-1} - 2.904\ 672 - 0.827\ 445\ RP_{t-1}) \quad (10)$$

（7）式中 ECT_{t-1}^{+} 和 ECT_{t-1}^{-} 具体表达式如下：

$$ECT_{t-1}^{+} = I_t(RP_{t-1} + 3.121\ 3 - 1.198\ 7\ WP_{t-1}) \qquad (11)$$

$$ECT_{t-1}^{-} = (1 - I_t)(RP_{t-1} + 3.121\ 3 - 1.198\ 7\ WP_{t-1}) \qquad (12)$$

从表 7-3 的估计结果可以看出，ECT_{t-1}^{+} 和 ECT_{t-1}^{-} 的系数分别在 5% 和 1% 的水平上显著，说明牛肉批发价格与零售价格相互影响，批发价格能引起零售价格的显著变化，零售价格的波动也能引起批发价格的显著变化。牛肉批发价格与零售价格之间的非对称传导关系表现出双向特征。

从（6）式拟合结果看，牛肉批发价格对零售价格正向波动的调整反应系数为 0.074 6，对零售价格负向波动的调整反应系数为 1.666 7，即牛肉批发价格对零售价格下降的反应程度更大，调整价格偏离的速度更快。这种价格传导的非对称效应在牛肉市场上的表现是：当牛肉市场价格下降时，销售商的利润空间减少，会很快带来批发价格的下降，牛肉生产者分担市场风险；而当牛肉零售价格上涨时，牛肉生产者却不能以与牛肉价格下降时相同的速度感受到批发价格的上升，不能及时分享产业链下游产品价格上涨带来的福利。

从（7）式拟合结果看，牛肉零售价格对批发价格正向波动的调整反应系数为 -0.356 0，对批发价格负向波动的调整反应系数为 -0.229 2，即牛肉零售价格对批发价格上涨的反应程度更大，调整价格偏离的速度更快。这种价格传导的非对称效应在牛肉市场上的表现是：当牛肉批发价格上涨时，销售商成本增加，他们会很快提高牛肉零售价格，让消费者分摊其增加的成本；当牛肉批发价格下降时，销售商成本降低，但他们却不会以与牛肉价格上涨时相同的速度调低牛肉价格，让消费者及时分享产业链上游产品价格下降带来的福利。

第三节　牛肉价格非对称性传导产生的原因分析

一、失衡的市场势力

经济主体的市场势力与市场结构密切相关。从养殖环节来看，尽管肉牛规模化养殖所占份额不断提高，但小规模散养户（年出栏 10 头以下）仍然是肉牛养殖主体，同时，肉牛养殖具有地域分割性，产品差异小，市场集中度偏低，使得肉牛养殖环节接近于完全竞争市场，肉牛养殖户的市场势力较小。但就产业链整体而言，目前我国的牛肉市场更符合不完全竞争市场的特征，肉牛屠宰加工企业的数量相对较少，且我国实行的定点屠宰制度也强化了牛肉批发商的市场势力。同时，肉牛屠宰环节和批发环节的市场集中度明显高于生产环节和零售环节，这意味着，在肉牛收购环节，养殖户必须面对肉牛屠宰厂的买方寡占势力；在零售环节，消费者必须面对零售商的卖方寡占势力。因此，与养殖户相比，牛肉市场上屠宰加工、批发和零售环节的经济主体更具有市场力量。在这种不完全竞争的市场结构中，肉牛屠宰加工企业、批发商和零售商对牛肉价格上涨的反应比对牛肉价格下跌的反应更积极，因为牛肉价格下跌压缩了他们的利润空间，而价格上涨会增加他们的利润。

二、价格上涨的"棘轮效应"

"棘轮效应"的存在使牛肉价格特别是零售价格的上涨趋势具有不可逆性，即存在"上涨容易下降难"的特点，这也成为导致牛肉批发价格与零售价格非对称传导的重要原因。总体来看，牛肉价格虽然存在短期波动，但是长期上涨的趋势非常明显。同时，"棘轮效应"的存在也导致了在牛肉供应链上游生产者降低价格时，下游消费者价格不会相应地下降或者下降幅度小于生产者价格下降的幅度。

第四节　本章小结

本章利用门限自回归模型和非对称误差修正模型对中国牛肉批发价格与零售价格之间的非对称传导问题进行了分析，研究结果表明：中国牛肉批发价格与零售价格之间的非对称传导效应具有双向特征。牛肉零售价格对批发价格正向波动的反应更迅速，批发价格对零售价格负向波动的反应更迅速。从经济学意义上看，它们均表现为对"利空"消息的反应更敏感，即产业链上游的肉牛养殖户（场）在下游牛肉价格下降时受到的冲击比牛肉价格上涨时更剧烈，而产业链下游牛肉销售商在上游肉牛价格上涨时的价格调整比肉牛价格下跌时更积极。失衡的市场势力和价格上涨的"棘轮效应"，是导致中国牛肉市场价格非对称传导的主要原因。从肉牛产业发展的角度，应注重平衡肉牛养殖户（场）和屠宰加工企业以及批发商之间的市场势力，以降低牛肉产销价格非对称传导幅度，保证养殖户（场）的基本利益，进而实现保障牛肉安全有效供给和价格稳定的产业发展目标。在产业链上游的养殖环节，应继续实施促进肉牛规模化养殖的相关政策，提高肉牛养殖户的组织化水平，以提升其对于屠宰加工企业的谈判能力；在牛肉流通环节，加大对屠宰加工企业的管理，防止其利用相关制度形成垄断，同时，鼓励养殖场和屠宰加工企业挂钩，实行一体化经营；在牛肉销售环节，降低牛肉批发企业的垄断程度，增强其内部竞争活力。

第八章
国内外牛肉价格
空间市场整合分析

　　中国肉牛产业发展历程中，产业链最下游的牛肉价格波动较为频繁，但总体上呈现"螺旋式上升"的增长趋势，而价格波动背后所隐藏的消费需求和进口量的高速增长带来的风险却被人们忽视。随着牛肉国际贸易政策的调整和消费需求的扩增，中国牛肉在国际贸易中的格局和地位发生了巨大的变化，国内牛肉价格受国际牛肉价格波动的冲击影响越来越大。从我国牛肉贸易流动状况和美国农业部（USDA）贸易数据来看，中国已经从牛肉净出口国变为净进口国。2000—2011 年，中国牛肉进口量一直在 5 万～10 万吨波动，2012 年首次突破 10 万吨，到 2015 年时已经增加到 60 万吨，年均增长率高达 56.5％。2009 年国内牛肉产量 635.5 万吨，进口量占供给总量的比重不足 1％；然而，2015 年国内牛肉产量达到 675 万吨，增速过慢，不能满足国内需求，进口比重突破至 8.9％。进口的激增挤占了国内牛肉的市场空间，一定程度上致使国内牛肉价格频繁震荡，影响了肉牛产业的健康发展。从农业部农产品交易市场监测数据可以看出，2000 年国内牛肉平均价格为 12.6 元/千克，2015 年上涨到 55.99 元/千克，而同期食品平均消费价格水平仅上涨 2.1 倍，牛肉价格呈高位运行态势，远高于其他食品价格的上涨速度。

　　当前，中国不但是世界第三大牛肉主产国，而且消费总量也达到世界第三位，成为全球牛肉进口大国。牛肉的价格波动关乎中国肉牛产业发展的命运。国内外很多学者都对牛肉价格方面的问题进行了不同程度的研究，但大多数研究主要倾向于研究牛肉价格波动特征或是影响因素等，较多学者只是从生产成本、养殖收益、替代品价格、政策因素等方面来分析牛肉价格的波动（张越杰，2012；曹建民，2015；田露，2012；张贺，2014；刘训翰，2015；董鹏馥，2014）。随着中国牛肉进口依存度的提高，与世界联动性和融合度的加大，影响国内牛肉价格波动的因素已经不仅局限于国内，国际因素不容忽视，且对于与此相关的牛肉空间市场整合方面的研究成果较少。因此，对国内外牛肉价格的波动特征和这两个空间市场之间的整合关系进行系统深入的研究是十分必要的。本章采用 2009 年至 2015 年的月度序列数据，以国内外牛肉价格作为研究对象，同时分析两者之间的长短期整合关系。具体研究包括：国内外牛肉价格之间的波动轨迹是否一致？是否存在长期均衡的关系？若存在，那么短期内它们又是如何调整的？两个空间市场上的价格是否存在因果关系？通过剖析以上问题，可为更好地理解国际贸易对中国肉牛产业发展的影响提供基础研究，综合考虑国内和国际两个空间市场形势，出台相关政策以稳定国内牛肉价格，保障肉牛产业持续健康发展。

第一节　国内外空间市场牛肉价格轨迹分析

在世界经济一体化的背景下，随着中国经济的高速发展和国际地位的日益提升，在与世界各国进行国际贸易时，贸易摩擦和贸易壁垒逐渐消除，价格成为决定牛肉进口的关键因素。2008 年，国内外牛肉价格发生了跳跃式的增长，之后国内和国际牛肉价格空间市场之间的关系也日趋密切。根据图 8-1 所示，国内外牛肉价格的线性走势和波动周期基本是一致的，当某一时期国际牛肉价格上涨或下跌时，国内价格随之也会发生同向变动。

2009—2015 年国内外牛肉的价格走势可大致分为 3 个阶段。2009 年年初至 2011 年年底为第一阶段，在该阶段国内外价格出现小幅度的波动，走势基本一致；2012 年年初至 2013 年为第二阶段，在这段时期，2012 年牛肉价格又一次发生了跳跃式增长，增长率高达 22%，2013 年涨幅再次冲高，达 30%，价位一路走高；2013—2015 年为第三阶段，整体趋势是稳步上升的，但这个时期国际牛肉价格出现了剧烈波动。总的来说，这 3 个阶段呈现出一个相同的现象，即年初国内牛肉价格虽然远高于国际市场上的价格，但是随着时间的推移或进口量的不断增加，国内和国际价格渐渐趋于一致。当两个

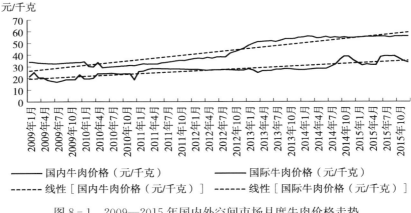

元/千克

图 8-1 2009—2015 年国内外空间市场月度牛肉价格走势

空间市场价格基本接近后，国内牛肉价格便开始慢慢上涨，国际市场上的价格却开始逐渐下跌，当空间市场上两个价格有一定差距后，它们又开始慢慢靠拢，日趋一致。为了更加系统深入地分析国内、国际两个空间市场上牛肉价格之间的关系，采用计量方法进行深入研究是十分必要的。

第二节　国内外牛肉价格空间市场整合实证分析

一、数据说明及处理

本章中的国内外牛肉价格分别指的是国内牛肉价格和国际牛肉价格。其中，国内牛肉价格数据来源于全国农产品批发市场价格信息网（http://pfsc-new. agri. gov. cn/）；国际牛肉价格采用的是国际市场商品价格网（http://price. mofcom. gov. cn/index. shtml）。由于数据的可获取性和有限性，主要选取了 2009 年 1 月至 2015 年 12 月的月度数据序列。

由于国际牛肉价格会受到国际汇率变化的影响，因此应将其进行汇率转换，所用汇率为中国国家外汇管理局人民币对美元的月度平均汇率，将单位统一为元/千克。同时，为了消除序列数据可能存在的异方差性，对原始数据取自然对数，得到两组新的序列，将国内牛肉价格和国际牛肉价格分别记为 LNDPB 和 LNIPB。

二、国内外牛肉价格长期整合分析

(一) 平稳性检验

为了更深层次地分析国内外空间市场牛肉价格的波动特征，首先用 Eviews 对国内牛肉价格（LNDPB）和国际牛肉价格（LNIPB）做 ADF 单位根检验，验证两个价格序列是否平稳，检验结果见表 8-1，可知两个空间市场的原价格序列的统计值在 1% 的显著性水平下都大于临界值，不能拒绝单位根假设，均不平稳；对它们进行一阶差分处理后，再进行 ADF 检验，结果显示在 1% 的显著性水平下，拒绝原假设，是平稳的 I（1）序列。这就说明了国内外牛肉价格符合协整检验的前提条件。

表 8-1　国内与国际空间市场牛肉价格 ADF 单位根检验

变量	ADF 检验值	ADF 临界值			P 值	平稳性
		1%	5%	10%		
LNDPB	−0.452 732	−3.514 426	−2.898 145	−2.586 351	0.893 9	不平稳
D（LNDPB）	−3.988 690	−3.514 426	−2.898 145	−2.586 351	0.002 4	平稳***
LNIPB	−1.716 052	−3.511 262	−2.896 779	−2.585 626	0.419 5	不平稳
D（LNIPB）	−11.265 25	−3.512 290	−2.897 223	−2.585 861	0.000 1	平稳***

注：D 表示一阶差分；*** 表示 1% 显著性水平下平稳。

(二) 建立 VAR 模型，确定滞后阶数（Lag）和 Johansen 协整检验

若要对国内外空间市场上的牛肉价格进行 Johansen 协整检验，首先要确定最优滞后阶数（Lag）。根据 AIC 和 SC 准则来选择最优滞后阶数，结果见表 8-2。"＊"最多的所对应的阶数为最优，即确定最优滞后阶数为 4。

因此对两组序列进行协整检验时选择的滞后阶数应该为最优滞后阶数减 1，即为 3。检验结果见表 8-3。表中 R 表示协整关系个数，在 10% 的显著性水平下接受 R≤1 的假设，所以变量国内外牛肉价格（LNDPB、LNIPB）之间存在协整关系，得到国内外牛肉价格稳定均衡关系为：

$$LNDPB = 0.874\ 177 LNIPB + 0.855\ 740 + \varepsilon$$

$$(9.143\ 840\ )\qquad (2.722\ 577\ )$$

表 8-2　VAR 模型最优滞后阶数的确定

Lag	LogL	LR	FPE	不同信息准则下的计算值		
				AIC	SC	HQ
0	48.973 95	NA	0.000 996	−1.236 157	−1.174 821	−1.211 644
1	255.259 5	396.285 4	4.86E−06	−6.559 461	−6.375 455 *	−6.485 923
2	257.977 4	5.078 232	5.02E−06	−6.525 722	−6.219 047	−6.043 160
3	262.979 0	9.081 816	4.90E−06	−6.552 079	−6.122 734	−6.380 492
4	273.895 0	19.246 53	4.09E−06 *	−6.734 078 *	−6.182 062	−6.513 466 *

注：" * "表示评价统计值各自给出的最优滞后期；LogL 为对数极大似然估计；LR 为序列调整的 LR 检验统计量（5%显著性水平）；FPE 为最后预测误差；AIC 为赤池信息量准则；SC 为施瓦茨信息量准则；HQ 为汉南-奎因信息量准则。

通过对模型进行回归，得到一组残差序列，对其进行单位根检验所得统计值−11.288 14＜−3.512 290，因此在 1% 的显著性水平下拒绝原假设，可见残差序列为平稳序列，说明国内外空间市场牛肉价格之间存在长期稳定的关系，也就是说从长期来看，国内外牛肉空间市场是整合的，国内牛肉价格的变动受国际牛肉价格长期均衡的约束。这主要是由于进口牛肉猛增，挤占了国内肉牛养殖业和肉制品加工业的市场空间，打压了国内牛肉市场价格。

表 8-3　国内外牛肉价格之间的协整检验

原假设	特征值	迹统计值	5%的临界值	P 值	结论
R=0	0.290 785	35.717 81	15.494 71	0.000 3	拒绝
R≤1	0.000 718	0.057 456	3.841 466	0.810 5	接受

第三节　国内外牛肉价格短期整合和因果关系分析

一、矢量误差修正模型（VECM）

协整检验虽然能揭示国内外牛肉空间市场价格之间的长期均衡关系，却不能反映两个空间市场价格间的短期动态关系，因此，通过对两组序列建立矢量误差修正模型（VECM），能够检验两个空间市场的短期整合状况。国内外空间市场牛肉价格对应的误差修正系数及其 T 值见表 8-4。误差修正模型检验两者整体的对数似然函数值为 286.670 9，由于其 AIC 和 SC 的值很小，分别为 -6.734 0 和 -6.375 4，这表明模型可以较强地解释牛肉的国内价格和国际价格在短期内是高度整合的，国内外空间市场的运作是有效的。从表 8-4 中可以看到，D（LNDPB）和 D（LNIPB）误差修正系数分别为 -0.031 296 和 0.069 732，趋近于 0，说明牛肉价格受国内和国际两个空间市场中任一市场的扰动，国内价格将会以每期 3.13% 的调整速度回归到均衡状态，国际价格每期以 6.97% 的速度回归到原长期均衡状态。

表 8-4　VECM 估计的结果

项目	D（LNDPB）	D（LNIPB）
误差修正系数	-0.031 296	0.069 732
T 值	-0.013 63	0.037 23

二、Granger 因果关系检验

通过以上分析可知，国内外空间市场上的牛肉价格是整合的，为探究国内牛肉价格和国际牛肉价格两者之间的双向因果关系是否存在，将利用 Granger 因果关系检验对 LNDPB 和 LNIPB 关系进行检验，结果见表 8-5。可知，国际牛肉价格是国内牛肉价格的 Granger 原因，反之，则不成立。国际牛肉价格的变动会影响国内牛肉价格的变动，而国内牛肉价格的变动不会引发国际牛肉价格的变动。这主要是因为中国已经成为牛肉进口大国，牛肉进口主要来自澳大利亚、乌拉圭和新西兰三国，国内市场对国际市场依赖程度日益增强。中国牛肉进口在世界牛肉进口中占据了较大的比重，但国内牛肉价格并不会引发国际牛肉价格的大幅波动，这就揭示了中国其实是牛肉贸易小国。

表 8-5　国内和国际牛肉价格 Granger 因果关系检验结果

原假设	观测值	F 值	P 值	结论
LNIPB 不是 LNDPB 的 Granger 原因	80	3.993 55	0.005 6	接受
LNDPB 不是 LNIPB 的 Granger 原因		0.936 35	0.448 0	拒绝

第四节　国内外牛肉价格冲击效应分析

一、脉冲响应函数分析

脉冲响应函数（IRF）用来衡量来自国内或者国际任一牛肉价格的标准差冲击，对两个空间市场的牛肉价格的当前和未来取值影响的变动轨迹，能够清晰地刻画出国内外牛肉价格之间的动态交互作用及其效应。通过对 VAR 模型特征方程的根进行检验，其倒数值均落在单位圆内，如图 8-2 所示，说明 VAR 模型是稳定的，拟合效果很好。

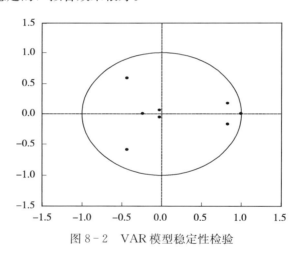

图 8-2　VAR 模型稳定性检验

图 8-3 是对国内牛肉价格和国际牛肉价格分别给予一个标准差的信息冲击的响应路径曲线。图中所示的横轴表示冲击作用响应期数，纵轴表示国内外牛肉价格对扰动项的响应程度，实线表示对应的函数值，虚线表示响应函数 1 倍标准差置信带。分析图 8-3 可知，①当期给国内牛肉价格自身一个标准差的信息冲击后，其反应较为灵敏，第 1 期国内价格下降 1.9%，之后趋于稳定，到第 4 期价格上升 2.8%，随后虽有波动但波动幅度较小，从第 8 期开始国内价格趋势保持稳定，反映了国内牛肉价格对自身变动的反应较为持久且强烈。②当期给国际牛肉价格一个标准差的信息冲击后，国内牛肉价格第 1

期没有任何反应，从第 2 期国内牛肉价格呈现小幅度上升，仅有 0.4%，之后便开始快速下降并为负向反应，到第 7 期又开始高速上升且为正向反应。这说明国际牛肉价格对国内牛肉价格有着强烈的显著影响，但可能存在一定的时滞性。长期来看，国际牛肉价格每变动 1 单位，国内牛肉价格就会上涨 1.1%。③当期给国内牛肉价格的一个标准差的信息冲击后，国际牛肉价格立即下降，从第 3 期开始一直保持微小的上升速度。这就意味着短期内国内牛肉价格对国际价格有较为显著的影响，但是长期来看影响越来越微弱。④当期给国际牛肉价格自身一个标准差的信息冲击后，期初反应非常强烈，之后虽然一直呈现下降趋势，但是下降较为缓慢，到第 10 期国际牛肉价格仍会上升 1.9% 左右，意味着国际牛肉价格对自身的变动反应非常强烈且持久。

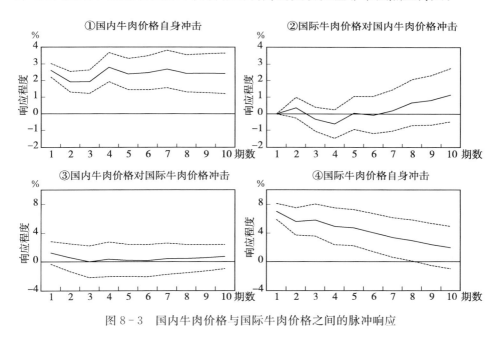

图 8-3 国内牛肉价格与国际牛肉价格之间的脉冲响应

二、方差分解分析

方差分解是通过分析国内和国际两个空间市场价格之间的一个变量所带来的冲击对另一个变量价格变动的贡献率，从而讨论评价不同冲击的重要性，其结果见表 8-6。选择滞后期数为 10 个月分析发现，国内牛肉价格变动受其自身影响最大，国际牛肉价格亦然。国内牛肉价格的变动对国际牛肉价格响应程度较高，对其变动做出的贡献率为5.02%，然而，国际牛肉价格的变动对国内牛肉价格响应程度相对较低，仅为1.46%。这说明，国际牛肉价格的变动会引导国内牛肉价格的变动，但是国内牛肉价格对国际牛肉价格的影响较小。

表8-6　国内外牛肉价格方差分解结果

方差时期	LNDPB			LNIPB		
	S. E.	LNDPB（%）	LNIPB（%）	S. E.	LNDPB（%）	LNIPB（%）
1	0.026 100	100.000 0	0.000 000	0.071 262	2.969 307	97.030 690
2	0.032 557	98.739 91	1.260 095	0.090 766	2.190 524	97.809 480
3	0.037 935	98.296 83	1.703 170	0.107 713	1.555 609	98.444 390
4	0.047 544	97.202 30	2.797 695	0.118 501	1.366 897	98.633 100
5	0.053 184	97.757 98	2.242 022	0.127 612	1.198 461	98.801 540
6	0.058 609	98.135 34	1.864 663	0.133 877	1.098 648	98.901 350
7	0.064 492	98.362 50	1.637 500	0.138 127	1.114 553	98.885 450
8	0.069 222	97.628 00	2.372 002	0.141 300	1.150 791	98.849 210
9	0.073 840	96.691 37	3.308 631	0.143 020	1.251 968	98.748 030
10	0.078 558	94.976 76	5.023 238	0.144 890	1.464 327	98.535 670

第五节　本章小结

本章利用脉冲响应函数和方差分解方法，对国内外牛肉价格空间市场整合情况进行了分析。首先，国内外牛肉空间市场价格长、短期都整合。2009—2015年国内外牛肉价格的波动轨迹和线性趋势基本是一致的，但是与国际牛肉价格波动轨迹相比，国内牛肉价格波动存在一定的时滞性。在一定程度上这也暗示了国内外牛肉价格是息息相关的。通过Johansen检验和矢量误差修正模型（VECM）分析，说明国内外牛肉价格之间存在长期稳定的关系，且空间市场的牛肉价格长期和短期都是整合的。其次，国际牛肉价格变动是国内牛肉价格变动的Granger原因，反之，不成立。国际牛肉价格的变动会影响国内牛肉价格的同向变动，而国内牛肉价格的变动对国际牛肉价格的变动影响不显著，这在一定程度上也意味着，中国在牛肉的国际定价上并没有拥有太多的发言权。最后，国内牛肉价格的变动对国际牛肉价格响应程度较高，对其价格变动贡献巨大。国内牛肉价格和国际牛肉价格对其自身一个标准冲击的反应敏捷，影响强烈且持久，国际牛肉价格更为明显。国际牛肉价格对国内牛肉价格具有显著影响，但在一定程度上存在时滞性。国际牛肉价格对国内牛肉价格一个标准冲击虽反应较快，但强度是越来越弱的。国际牛肉价格对国内牛肉价格有显著的单向拉动作用。

第九章
研究结论与政策启示

第一节　研究结论

一、牛肉价格波动存在周期性和季节性特征

牛肉零售价格在 2003—2006 年和 2007—2011 年两个周期的波动幅度分别为 16.71%、29.46%，属于较强波动型，说明牛肉零售价格受各种因素影响较大。2012—2014 年和 2015—2017 年牛肉零售价格波动幅度为 3.32%、3.02%，波动幅度较小，说明牛肉零售价格波动趋于稳定。2003—2006 年和 2007—2011 年深度波动较高，说明牛肉零售价格波动属于高峰型。2015—2017 年牛肉零售价格下降的能力较弱，速度较慢。2012—2017 年牛肉零售价格收缩长度大于扩张长度，说明牛肉零售价格呈现下降趋势，牛肉零售价格上涨的扩张力呈现下降趋势。

牛肉生产价格波动在 2000—2017 年分为四个周期，平均年距为 4.5 年，说明牛肉生产价格波动周期较长。通过牛肉生产价格波动高度和深度可以看出，牛肉生产价格受各种因素影响较大，牛肉价格上涨、下降能力较强，速度较快。牛肉生产价格波动幅度分别为 11.10%、14.16%、12.39%、9.68%，平均波动幅度为 11.83%。说明牛肉生产价格不稳定，上下起伏较大。牛肉生产价格波动的扩张长度和收缩长度的平均长度为 1.75 年、2.75 年。除了 2000—2003 年，其他三个周期的牛肉生产价格波动扩张长度小于收缩长度，说明牛肉生产价格扩张能力逐渐减弱，收缩长度逐渐增强，这也说明牛肉价格下降呈现持续性。2008 年 1 月至 2015 年 2 月波动幅度较大，2015 年 3 月至 2017 年 12 月牛肉月度价格波动逐渐呈现下降趋势，说明牛肉价格稳定性逐渐利好。2008 年 1 月至 2011 年 6 月牛肉批发价格深度波动属于峰型波动，牛肉价格下降能力较强，2013 年 10 月以后牛肉批发价格深度波动逐渐减弱，说明牛肉价格下降能力减弱。通过波动高度和深度可以看出，牛肉价格下降波动幅度大于上涨波动幅度。牛肉价格正处于收缩趋势，近几年牛肉批发价格扩张能力不变，但是收缩能力逐渐增强。

二、牛肉主销区牛肉价格波动对整体牛肉价格波动的影响大于主产区牛肉价格波动的影响

牛肉价格空间传导的过程主要包括两类，一是各省份的牛肉价格发生波动，直接传导到全国，引起全国牛肉价格的波动。二是各省份的牛肉价格发生波动，引起相关区域牛肉价格的波动，各区域之间牛肉价格相互影响，最终引起全国牛肉价格的波动。在主产省与其他各省份牛肉价格指数波动同步性测定中，黑龙江和内蒙古、河南和广西的同步性相对较高；在各省份与所在区域的同步性测定中，中南地区各省份的同步性系数平均值最高，即中南地区牛肉价格波动的同步性概率最高；在各地区之间牛肉价格波动同步性测定中，中南地区与西南地区的牛肉价格波动的同步性最高。通过对牛肉价格波动空间传导路径的分析可以看出，中南地区各省份的同步性系数平均值最高，也就是说在六大区域中，我国中南地区牛肉价格发生波动的概率最高，而一旦中南地区发生牛肉价格的波动后，通过对其他区域的影响，最终可引起全国的牛肉价格波动。中南地区是我国牛肉的主要消费地，可见牛肉消费省份的价格波动与整体牛肉价格的波动有着密切的关系。

三、引起牛肉价格变动的因素主要包括内部因素和外部因素两个层面

内部因素包括生物机制和市场机制，后者主要体现在供给和需求两个方面，包括相关投入要素的数量及价格变化、替代品供求变化、进出口贸易、生产者行为及预期的变化、消费者行为及预期的变化等；外部因素包括制度性因素和随机因素，包括与产业相关的宏微观调控政策、经济增长、农业现

代化水平的发展、重大自然灾害、畜禽疫病、经济危机等诸多因素。在可量化的因素中，影响牛肉价格变动的主要因素是替代品价格变动、城乡居民消费支出水平，以及牛肉产量。其中，替代品价格、城乡居民消费支出水平与牛肉价格呈正相关关系，牛肉产量与牛肉价格呈负相关关系。上述影响因素对牛肉价格变动的影响程度从大到小依次为：羊肉价格、城镇居民消费支出水平、猪肉价格、鸡肉价格、农村居民消费支出水平、牛肉产量。

四、牛肉市场价格与玉米价格、猪肉价格、羊肉价格、CPI 存在关联效应

牛肉市场价格变动主要受玉米价格、猪肉价格、羊肉价格和 CPI 变动（或者滞后期价格变动）的影响。但是，各关联产品价格影响的显著程度有很大差异。其中，即期的 CPI 以及滞后 6 期的 CPI 对牛肉市场价格虽有影响，但 CPI 变动 1％导致牛肉市场价格同方向变动仅为 0.009％，这种影响较弱。而玉米滞后 5 期和 6 期价格对牛肉市场价格影响较大，玉米滞后期价格变动 1％会带动牛肉市场价格同方向变动 0.1％左右。猪肉价格即期、滞后 1 期和 6 期的价格对牛肉价格的影响与玉米价格的影响类似。羊肉价格从即期到滞后 3 期对牛肉市场价格的影响也较为显著。上游玉米价格能向肉牛产业传导，存在着 5～6 个月的时滞。"玉米→架子牛→肉牛"是一条比较完整的产业链条，玉米价格和牛肉市场价格能够通过架子牛市场来传导价格。通过建立玉米价格与牛肉市场价格间的有限滞后模型来识别饲料价格与牛肉市场价格之间的传导关系，结果显示两者之间并不具备即期的传导关系，但是存在着滞后 5～6 期的传导关系。一般来说，架子牛育肥周期在 5～6 个月，即在经过一个周期的生产调整后，玉米价格就可以影响到牛肉的市场价格，价格传导比较迅速。而反映消费环节的 CPI 与牛肉市场价格即期和滞后 6 期均相互有影响，但是其影响程度较低。

五、中国牛肉批发价格与零售价格之间的非对称传导效应具有双向特征

牛肉零售价格对批发价格正向波动的反应迅速，批发价格对零售价格负向波动的反应也很迅速。从经济学意义上看，它们均表现为对"利空"消息

的反应更敏感，即产业链上游的肉牛养殖户（场）在下游牛肉价格下降时受到的冲击比牛肉价格上涨时更剧烈，而产业链下游牛肉销售商在上游肉牛价格上涨时的价格调整比肉牛价格下跌时更积极。失衡的市场势力和价格上涨的"棘轮效应"，是导致中国牛肉市场价格非对称传导的主要原因。

六、国内外牛肉空间市场价格在长、短期都是整合的

国内外牛肉价格的波动轨迹和线性趋势基本是一致的，但是与国际牛肉价格波动轨迹相比，国内牛肉价格波动存在一定的时滞性。在一定程度上这也暗示了国内外牛肉价格是息息相关的。通过 Johansen 检验和矢量误差修正模型（VECM）分析，说明国内外牛肉价格之间存在长期稳定的关系，且空间市场的牛肉价格长期和短期都是整合的。国际牛肉价格变动是国内牛肉价格变动的 Granger 原因，反之不成立。国际牛肉价格的变动会影响国内牛肉价格的同向变动，而国内牛肉价格的变动对国际牛肉价格变动的影响作用不显著，这在一定程度上也意味着，中国在牛肉国际定价上并没有拥有太多的发言权。国内牛肉价格的变动对国际牛肉价格响应程度较高，对其价格变动贡献巨大。国内牛肉价格和国际牛肉价格对其自身冲击的反应敏捷，影响强烈且持久，国际牛肉价格更为明显。国际牛肉价格对国内牛肉价格具有显著影响，但在一定程度上存在时滞性。国际牛肉价格对国内牛肉价格冲击的反应虽较快，但强度是越来越弱的。国际牛肉价格对国内牛肉价格有显著的单向拉动作用。

第二节　政策启示

一、加大政策支持力度，鼓励规模化养殖，获取竞争优势

我国肉牛养殖多以家庭养殖为主，与国外规模化养殖相比，单位成本投入高，价格不具优势，因而政府有必要对肉牛养殖加大资金支持力度，完善补贴政策，鼓励适度规模养殖，对规模化养殖给予重点扶持，努力扩大国内牛肉生产，提高牛肉自给率，保证中国牛肉相关产业持续健康安全发展，获

取价格优势和国际竞争力优势。因为国际牛肉价格对国内牛肉价格有显著的单向拉动作用，所以说政府在制定肉牛产业和贸易政策时，必须充分考虑到空间市场上两个价格之间的整合关系。

二、完善牛肉市场流通机制，把控产业链重点环节

牛肉市场价格波动与产业链不同环节市场运行状态相关联，而牛肉市场处于肉牛产业链的终端，牛肉市场价格波动是产业链不同环节市场价格波动的综合体现。为保障牛肉市场及价格平稳运行，应从产业链层面加大肉牛产业政策支撑力度。第一，要做好肉牛良种研发、繁育，肉牛养殖、屠宰、加工、运输和销售等产业链各环节政策支持力度，提升产业链各环节运行效率和产品质量安全，确保产品顺利流通。第二，要完善牛肉市场流通机制；健全肉牛产业链各环节销售市场质量安全体系，支持新型流通组织进入肉牛产业链，重点扶持龙头企业步入流通环节，并建立示范效应，推进现代电子商务等交易方式与肉牛产业链深度融合，推进肉牛产业产、加、销一体化，扶持肉牛产业链储藏、加工、运输、配送、销售等物流设施建设。第三，合理把握产业链重点环节。基于架子牛市场和肉牛出栏市场在产业链中的主导作用，应将架子牛市场和肉牛出栏市场作为肉牛产业调控的重点，国家肉牛产业扶持政策和市场调控政策多向架子牛、肉牛出栏等环节倾斜，相关监测预警措施也应重点关注这两个市场，并合理配套能繁母牛养殖、肉牛育肥等其他环节调控政策，做好产业链其他环节监测预警工作。通过产业链各环节政策支撑体系建设，完善产业链流通机制，有效把控重点环节，可提升肉牛产业和牛肉市场的抗冲击能力，确保牛肉市场及价格稳定运行。

三、分区域调控牛肉市场，重点稳定主销区和主产区牛肉市场

牛肉市场价格波动还与其区域性波动相关，通过寻找不同地区牛肉市场价格波动的特征及其关联性，可大致了解牛肉市场价格波动的地域源头。基于不同地区牛肉市场价格波动及其相互影响，应该做好以下方面的工作。第一，有重点地建立覆盖各地区的牛肉市场预警和管理机制。牛肉市场预警机制的构建要体现出全面性和全局性，同时要突出区域性和重点性，将主产区和主销区作为市场预警的重点区域，做好生产、消费和价格宏微观调控工作，

建立牛肉市场价格支持政策，加强市场信息的畅通性，保障市场流通环节高效性，及时发布牛肉市场交易和突发事件等信息，推进肉牛产业的快速发展和牛肉市场的持续稳定。第二，不同地区牛肉市场稳定与调控机制应突出层次性。要将京津地区和西北地区牛肉市场作为政策调控的重点，兼顾华东、东北、中原、华南和西南等主产区和主销区肉牛产业及牛肉市场稳定发展，将京津、西北等主产区和主销区作为全国牛肉市场调控的重要抓手，积极出台相关扶持和调控政策，优先推进主产区和主销区肉牛产业健康可持续发展，兼顾其他地区肉牛产业和牛肉市场发展，确保主产区、主销区及周边牛肉市场的稳定性，推动全国牛肉市场及价格平稳运行。

四、合理把握牛肉进口规模，降低进口依存度

中国牛肉需求量呈刚性快速增长，在供求缺口不断增大和国内外牛肉差价的驱动下，牛肉进口和走私都大量增加，进口依存度的提高增强了与国际市场的联动性，因而国际市场上的牛肉供需、价格波动都会对国内的生产经营状况产生一定程度的负影响，加剧了国内市场经营的风险。所以，牛肉进口挤占了国内新增的市场需求，但政府应合理把握牛肉进口规模，降低经营风险，减缓国际市场价格冲击，保证养殖户以及肉牛产业链上的经营主体的根本利益不受损。

五、制定安全有利的贸易政策，建立严格的监管机制

因为国际牛肉价格对国内牛肉价格有显著的单向拉动作用，因此政府在制定肉牛产业和贸易政策时，必须充分考虑到空间市场上两个价格之间的整合关系，制定合理的关税并维护好有限的关税以及国内政策支持的空间。除此之外，还需要加强对走私牛肉和假冒牛肉制品等的监管力度，加大疫病防控力度，减小疫病风险，保证国内市场流通的牛肉产品的安全性，维护市场秩序。

六、建立牛肉市场信息发布平台和预警机制，增强抵御风险能力

政府应密切跟踪国内外价格和贸易情况，完善信息网络和及时公布市场

价格走势，能够有效对价格趋势、供求情况以及产业发展趋势进行预测，使企业和养殖户能够准确把握市场动态，为其做出科学合理的生产决策提供依据，降低生产和经营风险，确保国内牛肉市场安全。

参 考 文 献

蔡莉，孙海忠，2002. 信息技术对企业组织效率的作用机理 [J]. 吉林大学学报（工学版），3：86 - 90.

曹兵海，陈幼春，许尚忠，等，2007. 中国的肉牛育肥技术模式与牛肉市场层次 [J]. 中国畜牧杂志，45（17）：55 - 59.

曹兵海，2008. 中国肉牛产业抗灾减灾与稳产增产综合技术措施 [M]. 北京：化学工业出版社.

曹芳，王凯，2004. 农业产业链管理理论与实践研究综述 [J]. 农业经济问题，1：71 - 76.

曹建民，田露，张越杰，2012. 我国牛肉消费及其对猪肉价格而变化的反应研究 [J]. 中国畜牧杂志，12：12 - 15.

曹建民，张越杰，田露，2010. 中国肉牛产业现状、问题与未来发展 [J]. 现代畜牧兽医，3：5 - 7.

陈幼春，2003. 中国牛肉生产的良好前景和应克服的难题 [J]. 动物科学与动物医学：6：21 - 26.

邓蓉，白华，2005. 中国与世界牛肉生产及贸易分析 [J]. 现代化农业，9：19 - 23.

邓蓉，张存根，2008. 中国肉牛生产发展分析 [J]. 中国农村经济，增刊：24 - 29.

董鹏馥，李清如，崔兴岩，2014. 我国牛肉价格走势及其原因分析 [J]. 价格理论与实践，1：87 - 88，96.

董小麟，2007. 从猪肉价格上涨的必然性看政府调控政策选择 [J]. 价格理论与实践，1：24 - 25.

董晓霞，2015. 中国生猪价格与猪肉价格非对称传导效应及原因分析 [J]. 中国农村观察，4：26 - 38，96.

方燕，杨双慧，2011. 我国猪肉价格波动影响因素的实证研究 [J]. 价格理论与实践，9：23 - 24.

高铁梅，2010. 计量经济分析方法与建模——Eviews 应用及实例 [M]. 2版. 北京：清华大学出版社.

何秀荣，1995. 中国肉牛业生产和消费概况 [J]. 黄牛杂志，4：22 - 23.

洪岚，2009. 粮食供应链整合的量化分析——以北京地区粮食供应链上价格联动为例 [J].

中国农村经济，10：58－66，85.

胡定寰，2000. 影响我国牛肉生产和消费行为的各因素研究 [J]. 中国农村经济，9：
　38－43.

胡向东，王济民，2010. 中国猪肉价格指数的门限效应及政策分析 [J]. 农业技术经济，
　7：13－21.

霍灵光，田露，张越杰，2010. 中国牛肉需求量中长期预测分析 [J]. 中国畜牧杂志，2：
　43－47.

蒋乃华，辛贤，尹坚，2003. 中国畜产品供给需求与贸易行为研究 [M]. 北京：中国农业
　出版社.

李秉龙，何秋红，2007. 中国猪肉价格短期波动及其原因分析 [J]. 农业经济问题，10：
　18－21，110.

李丹，黄海平，2017. 我国农产品价格波动影响因素的实证检验 [J]. 统计与决策，20：
　136－139.

李建，2006. 中国牛肉消费特征及其影响因素研究 [D]. 南京：南京农业大学.

李瑾，2007. 户外畜产品消费实证研究 [J]. 农业经济问题，增刊：165－170.

李振唐，王谊鹃，彭鹰，2005. 我国肉类产品生产消费能力分析 [J]. 农业技术经济：3：
　17－21.

梁振华，1998. 中国牛肉和肉牛的运销渠道与市场体系建设 [J]. 农业技术经济：6：
　48－50.

梁振华，1999. 中国肉牛生产持续发展问题探析 [J]. 中国农村经济，1：53－57.

刘芳，张博，2002. 中国牛肉市场流通体系研究 [J]. 北京农学院学报，1：60－64.

刘瑞，2007. 中国牛肉价格变化透视 [J]. 中国畜牧杂志，增刊：49－51.

刘训翰，杨海霞，2015. 基于 VAR 模型的我国牛肉价格上涨关联因素分析 [J]. 中国物
　价，2：58－60.

毛雪峰，杜锐，王济民，2018. 中国四大肉类产品之间是否存在价格联系 [J]. 农业技术
　经济，10：97－108.

孟卫东，熊欢，2014. 当前我国牛肉价格不断上涨的原因分析及未来趋势预测——基于供
　给和需求的角度 [J]. 农业经济，11：119－121.

潘苏，熊启泉，2011. 国际粮价对国内粮价传递效应研究——以大米、小麦和玉米为例
　[J]. 国际贸易问题，10：3－13.

石自忠，王明利，胡向东，2016. 经济政策不确定性与中国畜产品价格波动 [J]. 中国农
　村经济，8：42－55.

石自忠，王明利，胡向东，2014. 我国牛肉价格波动的门限及政策研究 [J]. 中国农业大
　学学报，4：200－205.

石自忠，王明利，胡向东，2016. 我国农产品价格与 CPI 动态关联性分析 [J]. 中国农业

大学学报，10：155-164.

时延鑫，2008. 中国牛肉消费现状及其影响因素分析［J］. 农场经济管理，4：53-55.

田露，王军，张越杰，2012. 中国牛肉市场价格动态变化及其关联效应分析［J］. 农业经济问题，12：79-83.

王芳，陈俊安，2009. 中国养猪业价格波动的传导机制分析［J］. 中国农村经济，7：31-41.

王桂霞，霍灵光，张越杰，2006. 中国肉牛养殖户纵向协作形式选择的影响因素分析［J］. 农业经济问题，8：54-58，80.

王明利，石自忠，2013. 我国牛肉价格的趋势分解与冲击效应测定［J］. 农业技术经济，11：15-23.

王明利，王济民，孟庆翔，等，2008. 肉牛产业加速下滑 急需出台扶持政策［J］. 中国畜牧杂志，10：6-9.

王明利，2008. 主要畜禽产业各环节利益分配格局研究［J］. 农业经济问题，增刊：178-182.

王倩，王玥，常清，2014. 我国猪肉价格周期波动的实证分析［J］. 价格理论与实践，9：37-38.

王士权，常倩，李秉龙，2015. 基于 VEC 模型的全国与主产区羊肉价格传导与整合研究［J］. 科学技术与产业，4：27-34，40.

文春玲，田志宏，2013. 我国玉米市场整合及区域间价格传导研究［J］. 价格理论与实践，11：55-56.

肖忠意，周雅玲，2014. 国际饲料粮期货价格波动对国内肉类产品价格冲击［J］. 南京农业大学学报，7：32-41.

辛贤，尹坚，2004. 贸易自由化背景下中国肉产品区域生产、消费和流通［J］. 中国农村经济，4：10-16.

徐雪高，2008. 猪肉价格高位大涨的原因及对宏观经济的影响［J］. 农业技术经济，3：4-9.

杨朝英，徐学英，2011. 中国生猪与猪肉价格的非对称传递研究［J］. 农业技术经济，9：58-64.

杨春，王国刚，王明利，2015. 基于局部均衡模型的我国牛肉供求变化趋势分析［J］. 统计与决策，18：98-100.

杨庆先，2007. 基于雅安市城镇家庭市场的畜禽产品消费者行为研究［D］. 雅安：四川农业大学.

于爱芝，2013. 我国猪肉产业链价格的非对称传递研究［J］. 农业技术经济，9：35-41.

喻闻，黄季焜，1998. 从大米市场整合程度看我国粮食市场改革［J］. 经济研究，3：8.

喻闻，李鹏，2008. 肉牛供应链与肉牛产业发展相关问题研究［J］. 中国畜牧杂志，44

（10）：23-26.

翟雪玲，韩一军，2006. 发达国家畜牧业财政支持政策的做法及对中国的启示［J］. 中国
    禽业导刊，10：11-13.

张贺，2014. 牛肉价格波动特征及原因分析［J］. 黑龙江畜牧兽医，16：22-25.

张磊，王娜，谭向勇，2008. 猪肉价格形成过程及产业链各环节成本收益分析［J］. 中国
    农村经济，12：14-26.

张立中，2004. 牛肉生产、贸易及市场前景［J］. 内蒙古农业大学学报，4：11-15.

张梅，2008. 中国牛肉对外贸易竞争力分析［D］. 无锡：江南大学.

张永霞，2009. 牛肉价格受猪肉价格影响将下滑［J］. 科学种养，1：60.

张越杰，曹建民，曹兵海，2008. 国际金融危机对我国肉牛产业的影响分析［J］. 中国畜
    牧杂志，45（18）：26-30.

祝远魁，2005. 中国牛肉市场结构与消费增长趋势及肉牛企业的应对措施［J］. 当代畜牧，
    10：1-2.

Aigher, Lovely and Schmidt，1997. Formulation and estimation of stochastic frontier pro-
    duction function［J］. Journal of Econometrics，6：21-37.

Annandale. D.，2000. Mining Company Approaches to Environmental Approvals Regula-
    tion：A Survey of Senior Environment Managers in Canadian［J］. Resources Policy，26：
    51-59.

Boehlje, et al.，1998. The Industrialization of Agriculture：Questions of Coordination，In
    the Industrialization of Agriculture［M］. Great Britain：The Ipswich Book Company.

Boger，Silke，Quality and Contractual Choice.，2001. A Transaction Cost Approach to the
    Polish Hog Market［J］，European Review of Agricultural Economics，28：241-261.

Brian L.，Buhr，Hanho Kim，1997. Dynamic Adjustment in the US Beef Market with Im-
    ports［J］. Agricultural Economics，17：21-34.

Cheryl J. Wachenheim，Rodger Singley，1999. The Beef Industry in Transition：Current
    Status and Strategic Options［J］. Journal of Agribusiness，17（1）：49-62.

Goodhue，Rachael E.，2000. Broiler Production Contracts as a Multi-agent Problem：Com-
    mon Risk，Incentives and Heterogeneity［J］. American Journal of Agricultural Econom-
    ics，82：606-622.

Goodhue，Rachael E.，1999. Impact Control in Agricultural Production Contracts［J］.
    American Journal of Agricultural Economics，81：616-620.

Hikaru Hanawa Peterson and Yun-Ju Chen.，2005. The Impact of BSE on Japanese Retail
    Meat Demand［J］. Agribusiness，21（03）：313-327.

Hobbs，Till E.，2004. Information Asymmetry and the Role of Traceability Systems［J］.
    Agribusiness，20：397-415.

Hobbs, Till E., Bailey, et al., 2005. Traceability in the Canadian Red Meat Sector: Do Consumers Care? [J]. Canadian Journal of Agricultural Economics, 53: 47 – 65.

Hobbs, Till E., 1999. Increasing Vertical Linkages in Agri – food Supply Chain: A Conceptual Model and some Preliminary Evidence, Research Discussion Paper No. 35, University of Saskatchewan.

James P. Houck, 1977. An Approach to specifying and estimating nonreversible Functions [J]. American Journal of agricultural Economics, 59 (3): 570 – 572.

Kenyon W. Gjerde, William R. Pape, Bill Jorgenson, et al., 2004. Food Retailers Push the Traceability Envelope [J]. Food Traceability Report, 11: 14 – 15.

Key, Nigel, McBride, et al., 2003. Production Contracts and Productivity in the U. S. Hog Section [J]. American Journal of Agricultural Economics, 81: 121 – 133.

Loureiro, Maria L. Umberger, Wendy J., 2007. A Choice Experiment Model for Beef: What US Consumer Responses Tell Us about Relative Preferences for Food Safety, Country – of –origin Labeling and Traceability [J]. Food Policy, 32: 496 – 514.

Peyton Ferrier, Russell Lamb., 2007. Government Regulation and Quality in the US Beef Market [J]. Food Policy, 01: 84 – 97.

Ronald W. Ward, Thomas Stevens., 2000. Pricing lingkages in the Supply Chain: the Case for Structural Adjustments in the Beef Industry [J]. American Journal of Agricultural Economics, 82 (5): 1112 – 1122.

Rusten David., 1996. Contract Faming in Developing Countries: Theoretical Aspects and Analysis of some Mexican Cases, Espanyol.

Sartwelle James, et al., 2000. the Effect of Personal and Farm Characteristics upon Grain the Barn [J]. American Journal of Agricultural Economics, 75: 1126 – 1131.

Shavell S., 1987. Economic Analysis of Accident Law Cambridge, MA: Harvard Univ Press.

Stevertson E., 1980. Likelihood Functions for Generalized Stochastic Frontier Estimation [J]. Journal of Econometrics, 13: 57 – 66.

Sunll P. Dhoubhadel, Azzeddlne M. Azzam, Matthew C., 2015. Stockton Imported and Domestic Beef: Are They Substitutes or Complements? [J]. Agribusiness, 31 (4): 568 – 572.

Susan Subak, 1999. Global Environmental Costs of Beef Production [J]. Ecological Economics, 30 (1): 79 – 91.

Ted C. Schroeder, 2003. Enhancing Canadian Beef Industry. National Beef Industry Development Fund.

William F. Hahn, Kenneth H. Mathews, 2007. Characteristics and Hedonic Pricing of Differentiated Beef Demands [J]. Agricultural Economics, 36 (3): 377 - 393.

Zigger G. W., Vertical Coordination in Agribusiness and Food Industry, the Challenge of Developing Successful Partnerships.

Zylbersztajn, Decio, Tomatoes, et al.. 2003. Strategy of the Agro - industry Facing Weak Contract Enforcement, School of Economic and Business, University of Sao Paulo.